大展好書 好書大展

大展好書 好書大展

香味活用法

森田洋子／著
李 玉 瓊／譯

家庭／生活
87

序文——出乎意外收集到二〇八種香味的秘密

——利用身邊素材使每天過得生動有趣——

目前是除臭劑、芳香劑充斥市面，形成一股熱潮的時代。原因何在？因為我們的生活和香味有密不可分的關係。

試問各位是否和香味相處得宜呢？在生活中有關個人的知性、人格的重要場面，一定可以利用「香味」效果給予解決。若只是困守愁城大嘆無奈，而還自煩惱，根本無法享受富足的生活。

請動點腦筋，把香味引進生活成為伙伴，讓自己因香味的陪襯倍增魅力吧！

早期的法國，香味已被利用於健康管理，普遍受到一般人的親近，而有所謂的「芳香療法」。

筆者本身在斯里蘭卡，有研究用的香草園，幾年前，曾經利用香草（名為西特蘿妮拉）驅逐了蚊蟲。這乃是生活智慧所衍生的芳香效果之一。

相對地，在東方國家對香味似乎還不熟悉。提起香草，總令人莫名所以，彷彿是特殊的植物，其實三餐飯桌上可見的紫蘇、三葉等都屬香草的一種。

本書凝聚了香味的實用技巧。所有篇幅滿載著即可付諸實踐，且又簡單、有趣的二〇八種香味的秘密。從頭到腳、從室內到屋外，這本書足以使你在任何角落都能成為香味專家。從令人驚訝的項目中，截取其中一小部份加以介紹。

在第一章針對令人耿耿於懷的臭味，列舉各式各樣的除臭法。譬如：

・利用香菜使汗臭、體臭消逝無蹤。
・酒臭可利用咖哩必須調味的小豆蔻，當場去除。
・冰箱裡刺鼻的臭味，可用隨處可得的蕺菜輕易脫臭。
・利用肉品食物中經常添加的丁香，即可使頑強難敵的蟑螂避之猶恐不及。

在此所介紹的蔬菜、水果、香辛料都是身邊隨手可得之物。

接著，第二章所介紹的是令人訝異的芳香健康效果。

・無法入眠的夜晚，歐薄荷能引您入眠。

・咬一片檸檬可去除睏意，提高工作效率。

此外，還介紹利用香味緩和牙痛、生理痛等各種障礙的訣竅。同時，收集了對治療皮膚粗糙、頭髮斷裂等對美容極有幫助的香味。

第三章則介紹如何使用香草、香水，以及提高生活品味的料理、裝飾品等，從另一個角度來應用時髦的香味。

書中所介紹的，全是嶄新的香味活用法。各位可安心的付諸實行。因為，這些全都是筆者經由實驗、研究而累積的成果。為了瞭解蟑螂所討厭的香味，甚至刻意飼養蟑螂；同時，為了得知治癒傷口的香草，也試著在傷口塗抹各種香草。至於香菜的除臭效果，也是在平日處理香味的工作中，一再嘗試錯誤，終於在各種嘗試後所發現的訣竅。

在環保掛帥的今天，若要為生活周遭的香味費盡心思，最好是利用輕易可得的自然素材。

簡而言之，本書乃是有助於各位生活中的香味活用集。只要懂得應用，不僅能豐富您的生活，甚至可使你們刮目相看。

森田洋子

目錄

第一章

▼除臭、脫臭、防蟲、芳香

生活高手也驚嘆絕倫

蔬菜、水果的芳香效果

—香菜立即消除汗臭、體臭……等88項—

1 口、身體、足、髮……當場去除令人不快的臭味

口臭

與人面對面相處時，最令人在意的卽是口臭。即使自己並未察覺，口臭亦會令旁人感到不快。如果忘記口腔衛生禮儀，即使外表包裝得再美麗，也會使魅力減半。

在此為各位介紹簡單又具有速效性的口臭消除法。

▼烏龍茶最適合去除飯後的口臭

三五好友相聚用餐，乃是人生至樂之一。而酒足飯飽後閒話家常，更別具一番樂趣。這時希望各位不要忘記對同桌用餐者的顧慮。

各位是否曉得最近成為大衆飲料的烏龍茶，具有異想不到除臭效果？一杯烏龍茶——就這一杯即具有相當的效果，若再加一顆梅乾更不同凡響。

梅乾雖是鹼性食品，卻有預防口臭的酸性反應，梅乾的有機酸，具有抑止口中殘留物質的腐敗、發酵的功能。

把一顆梅乾放進茶杯內，再倒入熱烏龍茶後飲用，最後吃梅乾——只須這道手續，就可以完全消除原本用餐後的一切氣味。

筆者曾經做過一個烏龍茶效果的有趣實驗。首先烹調一道添加蒜頭的料理，食畢後，用烏龍茶、綠茶、咖啡等三種茶渣來清洗盤子。用綠茶或咖啡的殘渣清洗後的盤子，殘留著油光及蒜頭味，但是烏龍茶所洗過的盤子，不再有汚垢與臭味。

這個實驗，證實了烏龍茶可以清除體內的臭氣或油分。

附帶一提，咖啡含有比拉辛系夫里夫里爾基、紅茶含有 flovonoid 成份，因而具有消除用餐後口臭的功能。

▼消除蒜頭臭的山艾葉

在衆多食物中，蒜頭的臭味尤為強烈。蒜頭雖是料理中不可或缺的佐料，卻有不少人因為其臭味，絕不在與他人會晤之前食用。其實，只要懂得消除其臭味的方法，則無此顧慮。

消除蒜頭味最具功效的是山艾。山艾是古來做為防腐劑，也是製做香腸不可或缺的香辛料，只要在口內咀嚼一～二片山艾的生葉，立即可去除蒜頭臭。生的山艾葉極易入口，在咀嚼中只要不再感到苦澀，即可像吃口香糖的要領反覆咀嚼。當然，吞服亦無妨。

山艾是一般的香草，草苗可從園藝店輕易購得，栽培起來也不麻煩。山艾的花長得漂亮，當做盆栽栽培極為方便。它不但可消除口臭，還可當做各種料理的佐料，也可以泡一杯山艾茶來喝。

如果找不到生的山艾時，也可利用香辛料賣場所出售的乾燥山艾。只不過其苦味比生的強烈得多，無法入口時，不妨泡成山艾葉茶飲用，也有相當的效果。

在歐洲，山艾被認為是有益健康的香草，幾乎每戶人家的陽台都可看見山艾。人們會在早上摘一片山艾葉，夾在麵包裡吃，可見其受歡迎的程度。把山艾葉夾在麵糰上烤成的麵包，格外芳香可口。

如果找不到山艾，可用香菜取代。出外用餐時，常見香菜做為料理裝飾。臨時參加的餐會，這是最簡便的口臭消除法。

建議各位，不要只把香菜當做裝飾品，用餐後一定把它放進口內咀嚼。

▼咀嚼小豆蔻可消除酒臭

飲酒後應該清除口腔內滯留的酒精臭氣。

這時派得上用場的是小豆蔻。香料賣場常見做為漢堡、咖哩、蘋果派等佐料的小豆蔻，

放在口內咀嚼立即消除口臭的香料

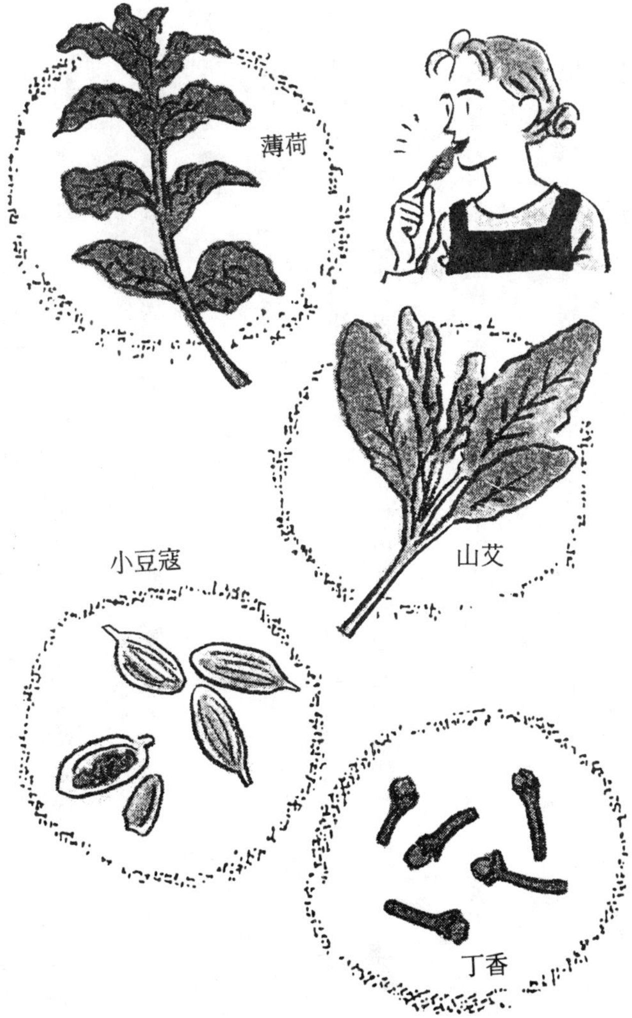

可在瞬間消除酒精臭氣。

將小豆莢內三～四顆黑色種子塞進口內咀嚼，會發出刺激性的香味而掩飾酒臭。同時具有熱身效果，又可增加料理的風味。小豆蔻輕易可得，隨時備用或攜帶數顆在身上，極為便利。

沒有小豆蔻時，也可食用梅乾或蘿蔔切片，多少也能消除酒臭。飲酒時食用青菜沙拉，也具有消除口臭的效果。

▼生理期間不可缺乏丁香

人的體內具有維持清潔的「自淨力」，而女性在生理期間產生賀爾蒙的分泌變化，這時會減弱這個自淨力。因此，生理期間的女性，雖然當事者毫無所覺，卻帶有獨特的體臭及強於一般的口臭。

勤於漱口或刷牙，可多少減輕其程度，不過，消除生理期間的口臭，最具效果的是丁香。

在香料賣場可輕易找到丁香，咀嚼時味道苦澀，因而可含在口內。

由於丁香具有自淨作用，在可以寫經的寺廟裡必定放有丁香。含一顆收容在小瓶罐內的丁香，裨便忘卻塵世喧囂而利於寫經。也許它具有訓示人「清淨在俗世間污穢的自己，保持潔淨的身體與心靈來寫經」的意義吧。

▼檸檬可消除蛀牙所造成的口臭

常有人發覺蛀牙，卻遲遲不找醫師檢查，結果使症狀加速惡化。這彷彿被酸性物質侵害的蛀牙腐爛一般，從中所發出的臭氣自然強烈。

最好立即到醫院檢查治療，在此之前，只要有一片檸檬切片，可大大改善口臭的情況。刷牙之後，食物的殘渣多少會殘留在齒縫。但是，檸檬切片中所含的檸檬酸，可預防食物殘渣的腐敗。檸檬的香味使口腔清香，又可抑止蛀牙的惡化。

外食料理常有檸檬切片的裝飾。用餐後必定含一片檸檬切片——如此即可抑止蛀牙的口臭。

▼年長者適合薄荷葉

無論男女，隨著歲數的增長，體臭會變弱而唾液量也漸漸減少，相對的變弱的齒肉，容易積蓄口內腐陳的細胞，因而年長者比年輕人的口臭較強。同時，假牙也是造成口臭的原因之一。

如果只考慮消除臭味，含著山艾或丁香即可，但對年長者而言，其苦澀太強。

因此，建議年長者使用薄荷的生葉。口香糖、牙膏內都含有薄荷的香味，年長者較容易接受。咀嚼薄荷葉，口內會產生一股清爽的香氣，心情也隨著舒暢起來。據說，薄荷也是精力增強劑，它能促進食慾，增強活力。

利用乾薄荷泡茶飲用也具效果，而薄荷是極容易培養的香料，養殖在陽台或擺置在窗邊，隨時可玩賞其香味，如果在意自己的口臭，亦可隨時摘取薄荷葉放入口中咀嚼，生的薄荷味道芳香可口。可以說是為年長者提神的最佳香草。

從前，據說在羅馬舉行宴會時，會將薄荷撒在地板上，用薄荷覆蓋餐桌，利用其散發的香味以招待客人。這也許是因薄荷香味可促進食慾，藉此讓賓客享受美食。直到目前，歐洲人也非常重視薄荷的盆栽，薄荷仍然是餐桌上活躍的要角。

▼利用水果（點心）預防口臭

用餐後吃水果乃是古來的習慣，這是立即仰止食物臭味的有效方法。

水果所含的水份相當多。它可提供口內水氣，並清除污垢與臭味。因此，必須養成食後吃水果，或多量攝取水份多的生蔬菜的習慣。

顏色鮮豔的水果、生蔬菜也可將飯桌裝飾得華麗美觀。

▼牛奶和歐薄荷具雙重效果

胃中所含的臭味成份之一是「亞里鋅」，它因腐敗而發出臭味。而牛奶可以使亞里鋅凝固，「吃完蒜頭喝牛奶」正是這個道理。同時牛奶具有保護衰弱的胃的機能。

不過，似乎有不少人並不喜歡牛奶。這時只要放一片歐薄荷，即可忘卻牛奶的味道。利用牛奶消除口臭，又可飄散歐薄荷的香味，可謂一舉兩得。

將牛奶倒進玻璃杯內，插一根紫色的歐薄荷，剎時氣氛高雅不已。

▼空腹時的口臭特別強烈

口臭的原因很多。因特殊狀態所造成的口臭，必須利用香料或水果來處理。但是，身體百無病痛，也未進食臭味濃烈的食品，同樣也會出現口臭。

空腹時口臭會出人意外的強烈。

空腹時，胃中的臭味直接冒到口腔。為了抑止這種口臭，必須吃一點東西。如果為了減肥，從早不進一點食物，不僅對身體有害，在預防口臭上也會有負面效果。請吃一點麵包或水果，讓胃內塞一點東西之後再出門吧。

藉由進食、動口咀嚼，可分泌唾液。從清洗口腔的觀點而言，唾液的分泌非常重要，事實上張開大口說話，也是消除口臭對策之一。甚至可以說，愛說話的人少有口臭，而沉默的人反而口臭較強。

最簡便的方法是吃口香糖。咀嚼口香糖不僅可增加唾液量，目前市面上還出售含有葉綠素或 Flavonid 成份的預防口臭口香糖，請確認其中的成份表示。

動口利用分泌的唾液清洗口腔，這乃是與人會晤之前的基本禮儀。

體臭

誠如每個動物都有其臭味，人也不例外。雖然根據性別或年齡多少有些差異，然而身體反覆新陳代謝的過程中，將不要的物質排出體外，自然會有臭味產生。而飲食生活的不同也會造成體臭。

體臭並不必掩飾，在此教導各位以合理的方式改善體臭，使身體散發自然香味的方法。

▼利用香菜清除體臭

擔心自己的體臭或因疲勞而覺得臭氣沖天——這種狀況下用再好的香味、香水，身體也無法接受。無論如何想使身體變得清爽，可利用香菜去除全身的臭味與不快感。

在浴室將身體洗淨之後，沖澡之前用一把香菜搓揉全身；再沖澡一次，即可將令人擔憂的臭味沖洗得一乾二淨。不放心香菜的觸感的人，可將其包裹在紗布內，既不會留下香菜的味道，又適合生理期間或身體狀況不佳時，做為舒坦心情之用。

同時，用浸泡在洗臉盆內一個晚上的水洗臉，還具有潤膚效果。

▼蘋果醋可治腋下汗臭

除了腋下的汗臭外，狐臭如果不至動手術的程度，也可以暫時抑止。這種臭味是因汗中所含的脂肪分解所造成，只要利用家庭內備用的蘋果醋，即可輕易消除。不過，用蘋果醋擦拭後，會殘留蘋果醋本身的味道，最好配合使用與其搭配的蘋果薄荷的香料乳液。

蘋果薄荷是散發蘋果芳香的香料。把適量的蘋果薄荷葉放進鍋內浸泡在水裡。用火加熱，在沸騰之前熄火，待其冷卻，用紗布或濾紙過濾後，就是有益美容的化妝水。

將蘋果薄荷化妝水和蘋果醋，以一比一的比例混合，用化妝棉沾取擦拭腋下的汗。擦拭一回可消除數個鐘頭的臭味，然而這只是暫時的除臭，必須勤加擦拭。外出時準備一日使用的分量裝在密閉容器，及化妝棉即可放心。

多量製造這種化妝水，保存在冷凍庫內，在無法取得蘋果薄荷的冬天也可使用。建議各位做成冰條狀，需要時只解凍所需量即可。最好使用生葉，如無法取得時也可煎熬乾葉。

▼多汗者用「防已黃耆湯」

人的皮膚重量約佔體重的百分之十五。皮膚上有製造汗水的汗腺及分泌皮脂的皮脂腺，

香菜可立即消除汗、體臭

香菜

消除腋下臭味的蘋果薄荷和蘋果醋

蘋果薄荷
水
蘋果醋
化妝水
1 : 1
將蘋果醋和化妝水同量混合用濾紙過濾
蘋果薄荷和水混合後加熱在沸騰之前熄火待其冷卻

由阿波克林腺（Apocrine）分泌的汗和艾克林腺（Eccrine Glade）所分泌的汗、污垢，因細菌分解的結果，所產生的氣味就是體臭。健康的身體，適當的汗水實不可或缺，而多汗的人為了健康，儘可能給予抑止。

自古傳承的漢方「防已黃耆湯」對抑止出汗具有神效。雖是漢方卻價格低廉，多汗者可依泡茶的要領煎熬來服用，即可抑止多餘的發汗。

▼體臭是由自己製造

是否有一種任何人都喜愛的香味呢？若要製造自身所散發的香味，在洗澡時間使用香水最具效果。洗完澡後，身體的體溫高且帶有濕氣，毛孔張開。因而這時是最適宜製造自己獨特肌膚之香的時候。

首先請選擇你所喜愛的香水。然後將無香料的乳液（嬰兒乳液最適當）塗在手掌上，再滴上所選擇的一、二滴香水予以攪拌。

洗完澡後，用浴巾輕輕擦拭身體，再將上述的乳液塗抹在帶有一點水氣的全身上。你會體驗到乳液的成分，從張開的毛細孔滲透的感覺。而且，香水中所含的酒精，可以收縮毛細孔。用乳液按摩可使肌膚光滑柔嫩。每天持續塗敷，自然會散發你所喜愛之香水的體味。各位不妨親手調製自然的「肌膚之香」。

頭　髮

▼用一滴精油洗淨頭髮的氣味

從頭上的毛細孔會分泌相當多的油脂，若不清洗，自然會發出令人不快的臭味。對應之策首在勤加洗頭。若使用香料更能達到效果。

洗頭、潤髮完畢之後，將植物精油滴一滴在洗臉盆內的溫水中，用這個溫水清洗頭髮。然後用同樣的精油，滴一滴在髮梳上梳理頭髮，最後用吹風機吹乾頭髮。加熱後香味會發散，可讓你的頭髮沾滿芳香而入眠。隔天早晨外出之際，用同樣的精油滴一滴在髮梳上梳頭後，不但能使香味的持續時間拉長，也可以利用精油保護頭髮。

所謂精油是從花、草、木等植物的適當部位——利用蒸餾的方式，從花瓣、葉片或果皮抽取出的天然芳香物質。

請選擇自己所嗜好的香料種類。如果配合平常使用的洗髮精或潤髮乳的香味，則可統一香氣。

香氣必須加熱才會發散。利用頭部體溫和含有油分的頭髮，創造時髦的香味最具效果。

若使用香水，有時會造成反效果。由於香水持續香味的時間較長，會混雜最後殘存的動物性臭味，及油脂性頭髮的臭味。

而在選擇香料時，最好使用天然物質。如果是將香料放進茶色或藍色的小瓶內，放在冷藏庫內管理的商店，則可信賴。

另外，身上沾有香煙臭味或烤肉氣味時，如果不先消除，則沒有沾香水的意義。因為，香煙或烤肉的味道會和香味重疊。用紗布包住髮梳乾刷，或用毛巾擦拭，儘量消除髮上的臭味或污垢，然後用滴上一滴香料的髮梳做最後的梳理。

上述實爲應急措施，最好回家後能立即洗頭。

足

走進門的剎那，有時會忍不住對混雜著鞋臭和腳臭的惡臭而皺起眉頭。對訪客可能造成極為強烈的第一印象。反之，我們有時也會在訪問對方的家裡脫鞋，平時務必留意足部的護理才好。

足部當然也會流汗，卻無法像手或臉，輕易地用手帕擦拭、洗淨。足部經常混雜有塵埃、細菌，又因穿著鞋襪妨礙汗水蒸發，如果穿鞋時間長，臭味更會滯留。

似乎有不少人將脫臭劑放在鞋墊的中央，或用除臭噴霧除臭。

▼腳臭用加蜜蕾（camile）消除

腳包裹在襪子與鞋子中，經常處於密閉的狀態，因而是全身最難以消除臭味的部份。洗澡時清洗數次也無法去除臭味——這時，請利用含有殺菌效果的亞茲雷恩物質的加蜜蕾花。不論使用賈曼加蜜蕾或羅曼加蜜蕾都無妨。

加蜜蕾是繁殖力非常強的香草，可以在庭院或陽台上輕易地種植，乾燥的加蜜蕾也方便取得。將加蜜蕾煎熬成汁，塗抹在足部即可消除臭味。利用內含加蜜蕾香草的肥皂，或歐薄荷香皂來清洗，也具有同樣的效果。

最後再使用檸檬酸，則可將腳部的臭氣消除得一乾二淨。藥局很容易購得檸檬酸。一包量約一〇〇元。將半小茶匙左右的檸檬酸，放進洗臉盆內的溫水中。然後將腳浸泡其中即可。除了除臭外，還具有殺菌效果，為了保持足部清潔，請隨時準備一包檸檬酸。

如果沒有加蜜蕾或檸檬酸，使用蘋果醋也可達到同樣效果。

▼在襪子內放置莎波莉

襪子的臭氣強烈撲鼻。襪子不但積存一整天的汗水，又包裹在鞋子裡，因而選擇襪子最先應考慮其「通氣性」。最好是純木棉質料。

其次，也要在收藏襪子的抽屜下點功夫。在穿襪之前讓襪子沾上具有除臭效果的香味。把苦澀的香料乾燥後，放進抽屜內即可滲透其香味。

最適宜的乃在男性古龍水中，經常使用的「莎波莉」香草。找不到調味料時，英國人通常將莎波莉當作肉品料理或魚料理香料使用，以增添獨特的苦味。莎士比亞的『冬天夜話』中，也有「贈給男性之物」的描述，開著細小白色花朵的莎波莉，顯得楚楚可憐。不但有除臭效果，又有防蟲功能，可謂一舉兩得。在室內香料材料店，可找到乾燥的莎波莉。

在此希望各位注意，千萬不要選擇帶有甘甜味的香料。如果用甘甜的香料去除足部的臭味，非但無法消除，反而會散發特殊的惡臭。除了莎波莉之外，還可以利用百里香、歐薄荷、山艾等帶有苦味的香草。

▼用室內香製作鞋套

留意足部和襪子的保養之外，也應顧慮鞋子的除臭。我們可以動一點腦筋，製作預防鞋子變形的鞋套。

市面上有出售除臭用的鞋套，其實可以利用自己喜好的香味與布料親手製作。材料費約一百元左右。

首先應準備一隻腳所需的同鞋尖大小的四片布塊和棉，以及喜愛的室內香。將兩片布塊做成布袋狀，其中塞進用棉包住的室內香再縫合。棉內的室內香，如前所述要選擇帶有苦味的種類。

布塊可利用不要的上衣或老舊的手帕。縫合處用蝴蝶結綑綁，就是一個精巧可愛的鞋套了。如果覺得香味變淡，則用手搓揉棉內的室內香。如此可使香味復活，有效期限最低可達一年。

出外旅行攜帶備用的鞋子時，如果放進添加香味的鞋套，不僅可預防鞋子變形，又能添加腳部的芳香。

利用室內香鞋套消除鞋臭

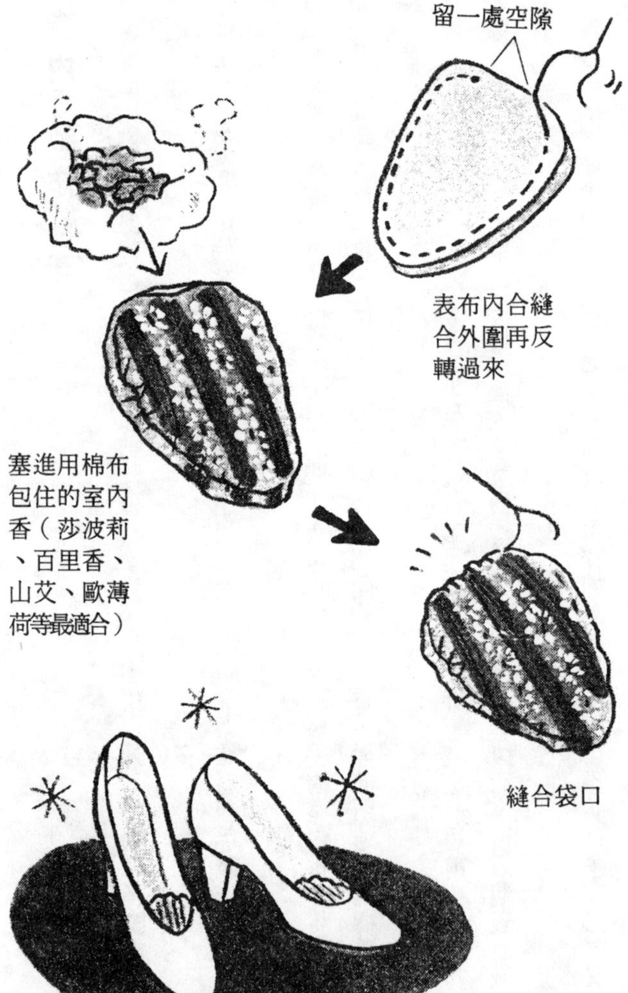
留一處空隙
表布內合縫
合外圍再反
轉過來
塞進用棉布
包住的室內
香（莎波莉
、百里香、
山艾、歐薄
荷等最適合）
縫合袋口

手

▼利用百里香去除手上的魚腥味

做料理是件愉快的事，然而如果手上殘留肉或魚的腥臭味，則難以消除。用殘留腥臭味的手，再料理其他的蔬菜或水果，總令人退卻，而這樣的手碰觸食器或抹布時，恐怕也會傳染臭味……有一個可以完全消除這種臭味的方法。

百里香可去除魚腥味。拿起百里香在手掌內仔細搓揉之後，用水洗淨即不留任何味道。肉類腥味則使用歐薄荷。用生葉或乾燥葉都可，在手掌上搓揉後沖洗，即不再有任何味道。找不到上述的香草時，香草肥皂也能充分達到效果。

即使身邊沒有這類香草，廚房內用剩的小黃瓜或檸檬的根蒂，也能做為除臭使用。用小黃瓜的蒂擦拭指甲或指尖，可立即消除腥臭味。醋橘等柑橘類的水果也具同樣的功能。

這些水果的蒂切掉後，不要立即拋棄，保存起來以備不時之需。

此外，茄子的蒂可消除手肘上的舊角質。

2 廚房、玄關、廁所、橱櫃……頑強臭味一淸二除

廚房

最近為了使空間顯得遼闊，或享受一家團圓的樂趣，有越來越多的家庭採取廚房和客廳一體化的開放空間。

這時，必須留意廚房內所造成的各種味道，不要擴散到客廳來。

接著我們來探討如何消除廚房的惡臭，以便愉快地做料理或讓訪客在餐廳過得舒適。

▼利用烏龍茶葉對抗生食垃圾

廚房所造成的臭味中，最令人在意的是生食物的臭味，應該特別留意。

市面上出售可消除任何惡臭的噴霧式除臭劑，如果手邊沒有準備除臭劑，利用烏龍茶葉也能除臭。泡過二—三次的烏龍茶葉和生垃圾放一起，即可抑止惡臭。不過，需要相當的茶

葉量，而已經完全沖泡過的茶葉已無效果。

茶渣也是生垃圾的一種，但是不要忽視其脫臭效果，應物盡其用，即使捨棄也動點腦筋。發臭的地方會聚集臭蟲，因而除臭乃是保持廚房清潔的最起碼條件。

▼蕺菜可消除冰箱的臭氣

為了招待訪客，打開冰箱的剎那，卻因其中收藏的各種食品所混雜的臭味擴散到客廳，這種情景可叫人尷尬不已。最近市面上有所謂附帶除臭裝置的冰箱，不過，平常必須留意，定期用無水酒精擦拭內部，並勤加更換除臭劑。

以下介紹一個可輕易除臭的方法。那是利用舊稱十藥，人們視若寶貝的藥草——蕺菜的葉莖。因其所含的迪卡諾伊爾乙醛和垃利克乙醛的成分，而有獨特氣味，這便是蕺菜的特徵，它兼具抗菌性、抗黴性、脫臭效果。

將四～五個切成適當長度的蕺菜葉莖，放進盛有少許水的盤內，放置於冰箱的角落。經過一個鐘頭左右，即可消除冷藏庫內的氣味。

一般更換的時間約一星期，這是具有速效性而確實的除臭法。

想不到在庭院總被人當成麻煩的蕺菜，竟然對我們的生活有這麼大的幫助——請務必試試看。

蕺菜最適合消除冰箱的臭氣

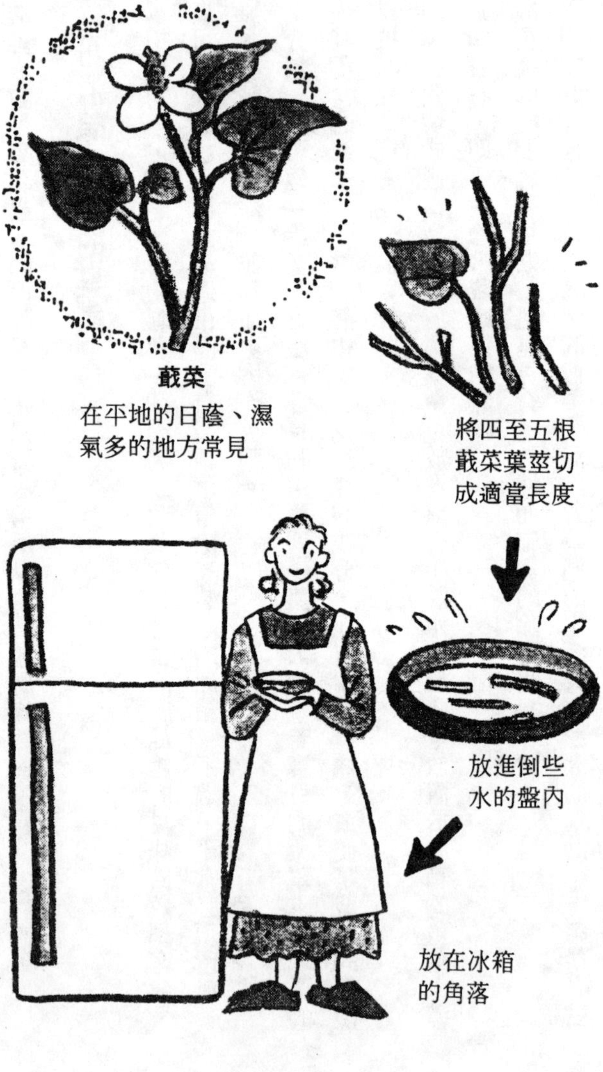
蕺菜
在平地的日蔭、濕
氣多的地方常見
將四至五根
蕺菜葉莖切
成適當長度
放進倒些
水的盤內
放在冰箱
的角落

▼檸檬百里香去除砧板、菜刀的臭味

對於經常直接接觸的料理器具，應常保持乾淨。尤其砧板是細菌容易繁殖的地方。必須放到戶外曝曬做日光消毒。不過，長時間沾染肉、魚等腥臭味的砧板，光憑一般的清理方式，並無法消除臭味。

有時用菜刀薄削砧板的表面，再把乾燥的百里香混合粉狀洗潔劑來清洗，即可去除汚垢與臭味。乾燥的百里香在香辛料賣場可輕易取得，請善加利用。同時，用自己栽培的百里香做成除臭劑予以備用。

檸檬百里香的小枝也有同樣的效果。洗淨後會殘留檸檬的香味，對於保持廚房的清爽潔淨，扮演著重要的角色。

▼使玫瑰花香瀰漫室內的方法

烤肉或做餃子等使用蒜頭的料理之後，房間總會殘存著蒜頭味。這時利用玫瑰花香可去除房間的蒜臭。

把乾燥的玫瑰花瓣、少量砂糖及一滴麝香（動物性香料）放進古舊的鍋內燉煮一會兒。玫瑰花香會漸漸擴散而使惡臭消除。

。

如果找不到麝香，只滴一～二滴玫瑰油也能達到效果。

在室內香賣場很容易找到玫瑰油，若找不到任何香料時，只用玫瑰花瓣和砂糖也足夠了

▼乾薄荷可消除食器櫃的濕氣臭

出人意外地，食器櫃內是臭氣聚集的地方。即使食器洗得清淨滑溜，並確實關上門，也會產生一股臭味。

臭味的來源可能是食器櫃木質的味道，而最重要的原因是濕氣。即使仔細擦拭，光憑一塊抹布也無法完全去除濕氣；日積月累之後，就變成發臭的原因。

即使關著食器櫃的門，也會留下些許空隙。從中滲透的灰塵和濕氣中和之後，即產生臭味。

對付食器櫃臭味，最有效的是乾薄荷。

香味滲透到食器而沒有違和感的，乃是薄荷系的香味。薄荷具有促進食慾的功能，也不會損壞料理的原料。在食器櫃的角落放一把薄荷（十顆左右）可持續一個月的效用。

只要是薄荷，不論是蘋果薄荷、西洋薄荷都無妨。利用薄荷香味可消除濕氣臭。

如果用食器烘乾機烘乾，則不會殘留濕氣，卻無法消除塵埃臭。請利用薄荷消除食器櫃

臭氣，留下清爽吧。

▼蘿蔔葉可消除空瓶的臭味

玻璃密閉容器如果長期存放氣味強烈的物品，即使清洗數次，也難以消除其味道。甚至浸泡在漂白劑內一晚，或用添加研磨劑的洗潔劑刷洗，用盡各種手段也難以消除其臭味。

用市面上出售的無水酒精擦拭，多半能去除臭味，如果還殘留臭味則利用蘿蔔葉。

將五公分大小的莖或葉片切成細碎，放進瓶內密封，即可完全去除其中的臭味。

原本應該捨棄的蘿蔔葉，卻是廚房的好幫手。

▼用蘋果儲藏馬鈴薯

香味不僅能娛樂我們的嗅覺，還有各種的功能，它具有延緩食物腐敗的保存效果，古人的生活智慧至今仍傳承不斷。

馬鈴薯放置後會長出芽來，待察覺時已開始腐敗。對於發芽早的馬鈴薯的保存，常令人傷透腦筋。為了抑止發芽，可將一顆蘋果塞在馬鈴薯的中間。蘋果具有抑止發芽保持鮮度的功能。如此可以保持數天之久。

▼利用丁香保存肉類

冷凍保存的肉，到底在風味上仍比不上鮮肉。購得美味可口的鮮肉，可利用丁香達到防腐劑的效果。

丁香是呈T字型的黑色香辛料。在調味料賣場是耳熟能詳的香辛料。在沒有冰箱的時代，自古以來歐洲人都當做防腐劑使用。

插數根丁香在鮮肉上放進冷藏庫，即可保持新鮮。如有美味的鮮肉卻不想進食時，不妨利用丁香來保存鮮度。

▼大蒜可改變水果的鮮度

購得一箱蘋果、一箱橘子回家，在未吃完時，其中數個已經腐爛。即使分贈給鄰居也有剩餘——這時大蒜可以發揮意外的效力。只要撒一把在水果箱內，即可保存比一般長一倍的時間。

而在水果箱內添加一個蘋果也會改變鮮度。

▼利用月桂樹預防米、小麥粉的生蟲

使水果、肉類、馬鈴薯持久的方法

撒一把大蒜
在水果內即
可保鮮
插數根丁香在
肉上可保鮮度
保存馬鈴薯
時放進一顆蘋
果就夠了。

希望各位注意，月桂樹是具有防蟲效果的香草，它也是燉煮料理中不可或缺的香草。只要放二～三根月桂樹在容易生蟲的米、小麥粉內，即可放心。

另外，保存米糠只要一～二顆檸檬尤加利葉即防蟲。

▼香辛料做裝潢

廚房對主婦而言是非常重要的空間，彷彿自己的城堡一樣。有越來越多的人，會把調理器具、調味料的瓶罐做統一的設計，或在收藏的空間上運用巧思，使廚房顯得更為便利而美觀。

我們不妨更進一步的來講究廚房的裝潢吧。廚房當然是製作料理的場所，最好能按原有的機能保持協調，而沒有違和感。

我們可以利用料理的香辛料中，較普遍的月桂樹葉來做裝潢。

用月桂樹作個圓圈，再用香草或香辛料做裝飾。請添加自己喜好的香味。如果在顏色上動點功夫，整個廚房就顯得華麗，更兼具防蟲效果。

料理重要輔佐的各種香辛料，如果當做裝潢的材料，會有各種的構想產生。

木質大湯匙用綳帶貼上數個香辛料，就變成特殊的裝潢，同時使廚房散發一股香辛料的香味。

如果希望把香辛料做為裝潢及料理兩方面來使用，可用保鮮膜把香辛料包成糖果狀串連成一圈。想用時，只要一個個的拆開即可；不夠時再添加上去。

依自己的構想來裝飾廚房，做起料理來倍覺有趣。像香辛料的香味最適合廚房的演出。

▼把香草放置在廚房的窗邊

如果打開廚房的窗口，能夠傳來一陣清爽的芳香——只要把香草放置在窗邊，即可達成這樣的願望。

將料理上經常使用的薄荷或山艾，種植在小盆栽內，不但賞心悅目，又有一股清香，且能運用於料理上，可真便利啊！

▼利用柳橙香球擊退蟑螂

廚房之敵就是人見人厭的蟑螂。相信有不少人在宴客中，因突如其來的蟑螂，感到臉面無光。

只要用除蟲劑掃除蟑螂之後，再擺置令蟑螂畏之不前的臭氣，即可永保廚房清潔。不過，如果蟑螂所討厭的臭味，對人類而言也會感到不快，則失去意義。因此，筆者反覆數次，利用蟑螂進行實驗。

柳橙香球可治蟑螂

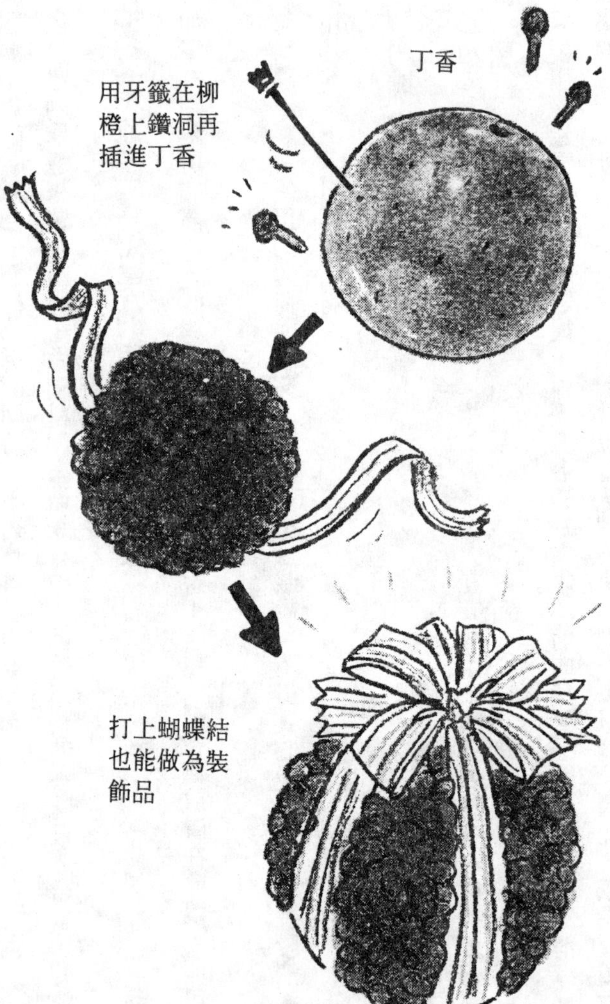
丁香
用牙籤在柳
橙上鑽洞再
插進丁香
打上蝴蝶結
也能做為裝
飾品

結果發現蟑螂討厭的味道是薄荷、歐薄荷、丁香的香味。如果是使用丁香的香包做法極為簡單。

用牙籤在生柳橙表面鑽孔，然後插上滿滿的丁香。使用量約六〇公克。如果香辛料賣場有出售則買兩瓶就夠了。插上丁香後的柳橙不會腐爛，同時丁香會吸取果汁使其乾燥，因此，能使廚房隨時散發著柳橙的香味。況且，柳橙和丁香的香味極為搭配，使得整個廚房散發一股水果香味。

▼餐桌上最適合乾薄荷的香味

墊放咖啡壺或熱水瓶的墊子，也可以做為香氣墊來使用。

用拼花布塊或碎布塊都行。依縫小坐墊的要領縫合，其中裝進乾薄荷。

香料會因加熱而散發，放置咖啡壺時，自然會散發薄荷香味。

薄荷是能促進食慾的香料，做為餐桌香味非此莫屬。

廁所、浴室

誠如看廁所即可瞭解該戶人家對住宅環境的用心程度，廁所乃是隱藏品味的地方。在廁所撒上芳香劑，彷彿是默默地告訴人已經用畢。若要使家庭的廁所成為快適的空間，在噴芳香劑之前，必須徹底地除臭。以下介紹幾個方法。

▼百分之百消除廁所臭味的方法

廁所添加芳香劑之前，應先考慮消除不快的臭味。

在數種薄荷中，化妝水薄荷的香料，誠如其名味道特香，可百分之百消除廁所的臭味。它是繁殖力強，容易培育的香草。

化妝水薄荷不是掩飾臭味，而是使空間經常保持在無臭的狀態下，可見其威力之大。不僅是沖水式或舊式的廁所都有效。只要在花瓶上插二十根左右的枝幹即能達到超強的除臭效果。

▼利用煙草和蕺菜消除舊式毛廁的臭味

以下介紹另一種消除舊式廁所的臭味及防蟲對策。

這是任何人輕易可得，且能立即實施的絕妙方法。

聚集香煙的煙蒂（二〇～三〇個）去其外紙，留下煙葉部份，全數倒進毛廁內。尼古丁和焦油產生作用，可達到超強的防蟲效果，並能抑止惡臭。

另外，把二、三顆具有除臭效果的蕺菜放進糞坑，幾乎可以掩滅毛廁的臭味。如果再使用化妝水薄荷，就沒有任何臭味了。

▼用檸檬去除便器上的污垢

便器每天使用數次，因而不可怠惰清掃的工作。只靠沖水無法完全消除臭味及雜菌。因而，必須利用無水酒精的殺菌力。

「無水酒精」在藥局可輕易購得。用棉花沾染後擦拭便器，可清除令人不快的臭味，又有殺菌效果。

不僅廁所，洗臉台上沾染的污垢，也可利用檸檬去除。用檸檬的切片或萼擦拭，可永保潔白。頑強的污垢使用檸檬——任何地方都可如此應用。

▼在廁所裡插強烈香味的花

廁所裡插花也是除臭的方法之一。

百合、薑、袠比、玫瑰等，插在客廳顯得氣味過強，若插在廁所反而搭配得宜。

在廁所添加香味時，絕對不可使用的是食物的香味。如果添加草莓或檸檬的香味，恐怕會在進食這類食物時，令人聯想到廁所。把可進食的食物的香味帶進廁所，乃是一大嚴重的錯誤。

▼把鹽漬室內香帶進廁所

室內香是指將花或香草等自然的香味品混合在一起，使其成熟所發的香味。室內香有兩種：烘乾製作成的乾室內香，和將生花以鹽浸泡後做成的鹽漬室內香。

廁所是容易殘留濕氣的場所與浴室並用濕氣更重。在與水有關的場所，鹽漬室內香比乾室內香更適合。

乾室內香吸取濕氣後會發霉，恐會造成惡臭。若是鹽漬室內香本就處於潮濕的狀態，又有鹽巴保存，即使長期使用也毫無問題。

譬如，將菊花花瓣浸泡在粗鹽內，會散發出菊花的香味。

浸泡水仙花瓣再加小豆蔻，會傳來清爽的香味。

浸泡玫瑰花瓣再加丁香，則有一股甘甜香味。

依上述的方式將自己喜愛的花瓣與香辛料搭配，做成獨創的鹽漬室內香，其比率是花瓣一杯加粗鹽一杯。

不過，鹽漬室內香會變色，看起來並不美觀。最好放在水箱裡面或便器裡側。

▼男用便器使用杉葉

在男性使用的便器上，鋪上杉葉，再放冰塊則毫無臭味。即使沒有杉葉，只放置冰塊也具有除臭效果。

▼用水性酒精去除維尼龍窗簾的臭味

浴室目前已不再只是去除污垢、暖和身體的場所了。

市面上出現許多時髦的浴室用品，洗髮精或潤髮乳也在各種香味的較勁下，成爲人們的選擇重點。浴室的芳香維護日漸重要。

最近開放式浴室日漸普及。不過，這種帶著時髦感的浴室，所用的維尼龍窗簾的味道，多少令人排斥。

用浴缸的洗潔劑，無法去除維尼龍窗簾上沾染的臭味。不過，利用水性酒精塗拭，剎那間即可去除臭味。

首先用洗潔劑一併清洗浴槽，然後用抹布或沾有水性酒精的棉花擦拭窗簾，再用水清洗。

在洗澡水內加三、四滴香草精油（歐薄荷或迷迭香等），既可享受沐浴時刻，又能百分之百去臭。香草本來就具有除臭效果。請務必善加利用，既芳香又有除臭效果。

▼利用磁磚製造芳香效果

目前利用遠紅外線效果的陶器受到矚目。經高溫處理的陶素材的機器、食器等廣受好評，而磁磚也可發揮浴室的芳香作用。

磁磚可在建材行購得。把自己喜愛的香料（香草精油）滲透在一塊磁磚上。陶器具有吸收香味的能力。而持續時間也長，只要將沾有香味的磁磚立在浴室裡，則永保清香。

不過，陶器也會吸收浴室所使用的洗髮精或潤髮乳再散發出來，因而如果不統一香味，恐怕會混雜各種的香氣。

若要用歐薄荷的味道統一，則洗髮精、潤髮乳、肥皂、沐浴精等全要選擇歐薄荷的香味。

這不但可以吸取其它的臭味，也能持續芳香一個月左右。

磁磚正因為鋪陳在芳香的浴室裡，更可發揮其效力。如果擺在廁所會吸取廁所的惡臭，再散發出來，因而不適合。

陶器不僅能吸收芳香，對植物或食物也會造成重大影響，是相當神奇的素材。

將陶土粉放進花瓶內可使鮮花持久，撒在農地上可加速農作物成長，而放在烏龍麵粉內可加倍保存期間。

以上全是我個人實驗的結果，應該還有其它的利用方法才對。

▼用乾香草裝飾洗臉台

洗臉台也是訪客經常利用的場所，製造一股時髦的香味，為顧客在整裝或如廁後，做一點服務吧。

把芳香的乾香草放進數個玻璃瓶內，精巧地排列起來。這不但是典雅的裝潢，遇有訪客時，根據當天的情緒，打開其中的瓶蓋飄散出芳香。可依自己的喜好混合二～三種香味。

目前市面上有售讓訪客用完即丟棄的肥皂。做成一片玫瑰花瓣的玫瑰花型肥皂。洗澡時隱約散發出玫瑰花香，這是愉悅訪客情趣的時髦點綴。

如果覺得今天屬於歐薄荷的氣氛，也可利用沐浴時間，不妨取出歐薄荷包裹在紗布內放進浴缸內。

隨著當天的氣氛享受芳香——令你享受奢侈的幸福。

不過，使用香料的浴缸，如果不立即沖掉洗澡水，會沾染顏色，請特別注意。

客　廳

全家團聚、接待訪客等，客廳可以說是家庭的主要空間，因此，也容易產生多數人的體臭、寵物的味道、沙發皮革的味道、煙臭等，混雜各種氣味，令人難以忍受。

客廳的使用時間長，因而應特別留意除臭。

在空氣清淨器上，添加芳香的設施。

如果家裡擁有空氣清淨器，倒有一個善盡其用的方法。

把裝在空氣清淨器後面的濾網拆掉，在其空隙裡塞進自己喜好的香味。

紅茶或麥茶袋所使用的不織布袋——一片一元左右——在中間放進乾香草，然後擺在濾網的內側。按下空氣清淨器的開關，不但能保持空氣的清潔，又能散發出一股芳香。但是，不要忘了濾網的潔淨工作。

▼從冷氣孔散出芳香

初夏或初冬打開一段時間沒有使用的冷氣機時，有時會傳來一陣惡臭。這乃是冷氣的陣風中混雜著塵埃、黴菌、煙草的臭氣而令人不快。

當訪客來臨，面對這種情況，眞令人感到羞愧不已。

首先必須留意濾網的清洗，洗淨之後，有一種可以表現您獨特風味的方法。用沾有自己喜好的香味的棉花，擦拭送風口的外緣後，隨著送風可一起傳來芳香。不過，這時所使用的是精油而不是香水。

香水是三角型的香味所構成。首先傳來的香味是最上層的味道。多半屬於柑橘系的香味。其次花香層，這乃是香水本來的味道。接著是木質層，也就是木的香味。最後所殘留是最後層，這正是動物臭造成的後果。

隨著時間的消逝，依序從最上層的香味消失，最後只剩下最後層的動物臭。動物臭持續的時間非常長，使得令人不快的香味，持續飄浮在空氣中。

所以，不要使用香水，應使用香草精油或花的香料、檸檬香等。

▼用香水去除地毯的毛蝨

柔軟而觸感佳的地毯，卻是容易沾染污垢，並產生跳蚤的地方，必須勤加掃除。最近市面上已出現去除跳蚤的吸塵器。

如果渴望消除跳蚤，又使房間散發清香，可利用香草。山艾所殘留的香味極佳，又具有使跳蚤陶醉的功效，最適合清潔地毯。將山艾撒在地毯上，再用吸塵器吸取，則萬事ＯＫ。

香水最適合去除毛蝨

（香水香味的構成）

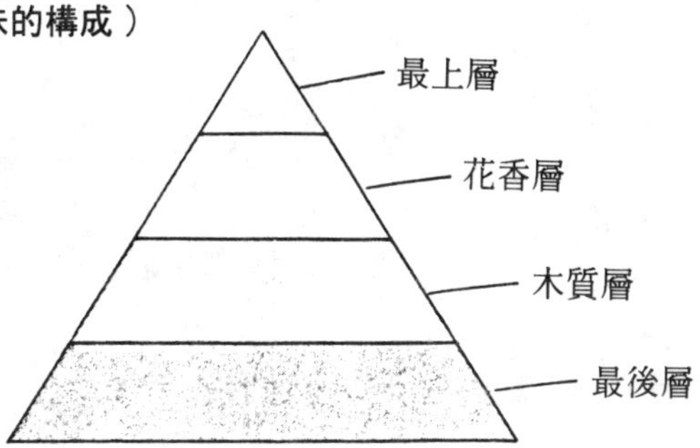

把香水滴在裝有水的桶子裡。用抹布沾濕後擰乾擦拭地毯或榻榻米

頗令人意外的，香水也具有效果。香水最後層所使用的動物臭，最適合驅除昆蟲。昆蟲極為敏感，會因香水中的動物性氣味受傷。

在裝水的水桶內滴一～二滴香水，用抹布沾濕後擰乾。首先沿著地毯的布紋擦拭，隱藏其中的小蟲，受到刺激而無法動彈。其次再從與布紋相反的方向擦拭，則可將受傷的小蟲擊出表面。最後用吸塵器吸除。這個作業並不需要每天進行，一星期一次就足夠了。

享受芳香又除去蟲害——清掃的工作，變得有趣多了。

▼用檸檬清潔壁紙

壁紙上的污垢頑強而難除。因煙油、油漬、塵埃而變得油黑的壁紙，使得整個房間的氣氛破壞無遺。

如此頑強的污垢，用檸檬榨汁可一清二除。用抹布沾染不稀釋的檸檬汁，仔細擦拭，幾乎可以去除所有的污垢。同時帶著一股清爽的香味，令人清掃起來倍覺輕鬆。

最好再用脫臭用的水擦拭一遍，或用擰乾的毛巾擦拭。

▼利用煙灰缸消除香煙的臭味

對於不抽煙的人而言，煙臭令人痛苦難耐。滲透在頭髮上的臭味難以去除，不知不覺中煙油會使得房間的牆壁或天花板泛黃，平時應留意換氣及抽煙的禮儀。

若要預防煙臭，可抓一把乾香草放在煙灰缸內，煙火傳給香草，飄散出輕淡的芳香。使用山艾或歐薄荷，其苦澀的味道可達到除臭的功能，而製作蛋糕不可缺少的肉桂切細後，放進煙灰缸內，也能散發獨特的香味。

若使用檸檬草會散發清爽的芳香，若是百里香或莎波莉，則有一股男性的芳香。市面上有各種的香料，請隨著當天的心情，享受各種不同的芳香。

利用紅茶或咖啡的茶渣也是方法之一。將它鋪在煙灰缸內又兼具防火效果。殘渣碰觸火的剎那，會散發紅茶、咖啡的芳香而緩和煙臭。也能預防打瞌睡。

▼利用剩餘的檸檬清除煙油

香煙不僅有煙臭，煙油又會黏著在煙灰缸內，不但外觀不潔又有臭氣殘留。附著在煙灰缸內的煙油，有時無法利用一般的洗潔劑完全清除。這時可用檸檬去除焦油。不過，並不需要使用新鮮的檸檬，只用剩餘的檸檬，洗滌煙灰缸就有驚人的效果。若水晶煙灰缸，更能增其透明度。

檸檬不僅能消除煙灰缸裡的煙油，也可將茶杯上沾染的茶垢或咖啡污漬清洗乾淨。

▼用牙膏去除聽筒的臭味

聽筒會因打電話者的口沫橫飛或塵埃而骯髒不堪。顏色較淡的聽筒尤為醒目。碰到無法用清水擦拭乾淨，或不想利用香水掩飾的情況，建議各位利用牙膏來擦拭。將不要的布塊沾少許牙膏直接擦拭聽筒，就能回復原來的光潔。如果是薄荷系列的牙膏，會殘留清水的芳香，極適合做為聽筒的清潔劑。

雖然廚房用的研磨清潔劑也可清除污垢，但電話屬於精細的素材，容易造成傷害。利用牙膏來清潔較為妥當。

▼用洋蔥去除玻璃污垢

黏著在玻璃窗外的污垢，很難用洗潔劑去除。因為，這些污垢混雜著夾雜在風雨中吹襲而來的污漬、塵埃、鳥糞等。

這時利用洋蔥來清洗。將洋蔥切成對半，用其斷切面擦拭玻璃窗的污垢，可立即清除。接著再用抹布擦拭一回。

水蜥或壁虎都討厭洋蔥的臭味，因而退避三分。洋蔥塗抹在玻璃窗外自然不會傳來臭味。

附帶一提，用洋蔥擦拭玻璃時，口含一片吐司，就可避免洋蔥的辛辣而淚流滿面。

▼雨天利用芳香蠟燭

雨天由於濕氣，令人聞到平常察覺不到的臭味。這時發覺居住者的體臭、寵物的臭味等鬱積在房間內。點亮帶有芳香的蠟燭，對於消除雨天的臭味最具效果。加熱後所散發的香味極強，會驅除其它的臭味。

市面上可找到芳香蠟燭，其實也能親手製作，請務必試試看。

首先必須準備的當然是蠟燭。用佛壇上使用的廉價蠟燭也無妨。另外準備一個裝蠟的容器。使用裝泡沫冰淇淋或布丁的玻璃容器，顯得嬌巧可愛，或者利用空瓶、大的貝殼。甚至可利用不再使用的鍋子。接著再準備喜好的香料及著色的蠟筆。

首先將蠟燭切開取掉燈芯。放進鍋內加熱溶解蠟燭，溶解後，在其中滴一滴香料，再把想要沾染的顏色的臘筆，切少許混入其中攪拌。倒進容器後在中心插上燈芯，用衛生竹筷夾住，讓燈芯固定。

上方凝固後，再等其餘的凝固即完成。

歡迎重要的顧客來訪，可在二〇～三〇分鐘前點燃芳香蠟燭。雨天，芳香蠟燭更扮演著重要的除臭角色。

▼時髦蠟燭的製作法

蠣殼表面有獨特凹凸紋路，做為蠟燭的容器顯得更華麗。在蠣殼的表面噴上金色或銀色的天然漆。其中放進熔解的蠟，再插一枝迷迭香。

完成之後，放在裝飾用的大型白蘭地酒杯上，然後點上燭火。在宴會中，這是最典雅的桌上飾品。

迷迭香的語源是「海的碎滴」。是相當羅曼蒂克的蠟燭。

另外，利用貝殼來製作具有玫瑰格調的蠟燭。

呈皺折表面的貝殼，令人聯想到玫瑰。

在大貝殼內倒進著上粉紅色的蠟。其中撒進許多玫瑰的花瓣，再滴一滴玫瑰的香料。這就是充滿著浪漫情調的蠟燭。

時髦的芳香蠟燭的製作法

將蠟燭切半去其燈芯
放進鍋內加熱熔解蠟
燭熔解後滴一滴香料
和少許的臘筆
倒進容器用竹筷穩住
燈芯固定使其凝固

櫥櫃

櫥櫃是傳統住宅的收藏設備。但是，放在櫥櫃裡的棉被，是體臭的聚集處。即使每天清洗被單，在陽光普照時曬被，仍會殘留獨特的臭味。而且，時節以外不使用的寢具或衣服，接連數月收藏在櫥櫃裡，很容易使櫥櫃內聚積著雜多的臭味。

如果發霉或帶著濕氣，很容易蛀蟲。除了活用市面上的防蟲劑或防霉劑外，也應考慮利用身邊可取之物處理除臭味的方法。

▼利用楠樹葉防蟲

楠樹會散發樟腦的香味。其味道較市面上的防蟲劑柔和，卻同樣具有防蟲與除臭效果。

楠樹可從公園或街路樹上輕易獲得。將十片左右的楠樹葉乾燥後，搓揉成碎片放進網袋，再置於櫥櫃的角落。細碎葉片即使散落在櫥櫃角落也無妨。

另外，也可以使用稱為貝奇芭的香草細木的根。也許有人對它的土臭味耿耿於懷，其實其防蟲效果可謂出類拔萃。在百貨等室內香賣場，可購得這種香料，只將它擺在櫥櫃的裡側，即能發揮效果。

而用棉花沾一滴貝奇芭的香料，放置在角落，也是不錯的除蟲方法。

雖然貝奇芭香料也具有消除尿道結石的效果，但因其苦味不易入口。

▼利用歐薄荷香包除臭

做好防蟲、除臭的準備後，再添加一點芳香效果。

如果想使棉被帶著芳香，歐薄荷最適合。具有鎮靜神經效果的歐薄荷最適合寢具使用。

尤其是訪客用的棉被，平常並不使用，利用歐薄荷可消其濕氣臭。只要將乾燥的歐薄荷裝進香包內，放在棉被夾層即可。

為訪客製造鎮靜高亢神經的香味，乃是最親切的招待方式之一。

▼製造帶有芳香的衣架

對女性而言，高級套裝、抽屜的內衣等是貴重的服飾。選購服裝是女性的樂趣之一，如果其中能添加一點芳香效果，更令人感動。

您不妨嘗試一下利用香草達到除蟲效果，藉此享受芳香的時髦。

隨著高級衣服送洗之後取回的次數，鐵絲衣架也漸漸增多，然而平凡粗簡的鐵絲衣架，可以搖身一變為具防蟲效果又散發芳香的衣架。

將鐵絲衣架的下部往上推擠，再用手藝棉花纏捲住。用線縫上自己喜愛的室內香料，上頭再用布塊包裹縫合即成。

若是男性，具有苦澀香味的百里香，或具清潔感的歐薄荷最適合。若是女性，則適合玫瑰香味，兒童可與蘋果薄荷、鳳梨山艾搭配。

創造有別於他人的獨特香味也是一種樂趣。

上述分別使用香味，只限於個人擁有自己的櫥櫃時。如果家庭全員使用同一個櫥櫃，則應統一香味。數種香味混雜一處如果失去調和，反而會變成令人不快的臭味。

若著重防蟲效果，建議您使用叫做巴鳩莉（patcholi）的香草。

▼巴鳩莉有獨特的防蟲效果

巴鳩莉的特徵是散發具有東洋情調的香味。可在家庭內栽培，因其不耐寒，最好在夏天培育而秋天收穫。開花時只傳來淡淡的香味，落葉後才開始出現強烈的香味。

在沒有做為防蟲使用的石腦油精的時代，在印度輸出喀什米爾羊毛製的圍巾時，必定在箱內放置巴鳩莉，可見其防蟲效果之佳。

巴鳩莉乾燥後，可做成巴鳩莉香袋，或放在衣箱、抽屜內使用。

和巴鳩莉一樣，苦艾草也具有防蟲效果。那是比一般的艾草更具苦味的香草。

簡單可製作的芳香衣架

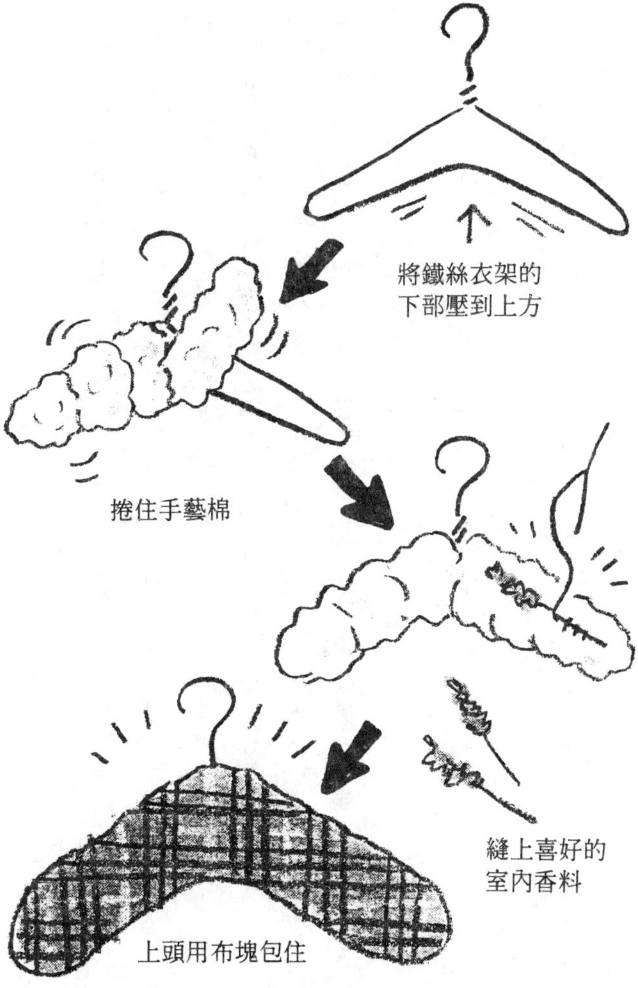
將鐵絲衣架的
下部壓到上方
捲住手藝棉
縫上喜好的
室內香料
上頭用布塊包住

將其乾燥後放在衣櫃的角落。香味不會過強，如果在意其味道可通風數天即香味消逸散。

▼用檸檬去除衣服的污漬

保存衣服時，最重要的是清除污漬。沾染污漬時必須當場處理。而檸檬最具效果。用數張衛生紙或紗布包住檸檬切片做成兩組。用這兩組包住檸檬切片的紗布或衛生紙，從表裡兩側夾住沾上污漬的布塊拍打。這是應急措施，卻可使清除污漬的工作輕鬆許多。

男性的西裝很容易沾染汗水或香煙的臭味。女性的服裝會因香水的殘香變成混濁的動物臭而難以排除。如果不清潔乾淨而收藏在櫥櫃裡，會減弱防蟲、除臭效果。基本上必先陰乾，並使其通風。

家庭的氣味

到他人住宅拜訪時，打開大門的剎那，會傳來一股味道。如果是令人心曠神怡的芳香會加強對該戶人家的好印象，若是寵物或鞋臭，則頓時令人失去拜訪的心情。大門乃是一戶人家的臉孔，從中暴露居住者的生活格調。

即使住戶本身毫無所覺，似乎也應顧慮令訪客敏感察覺到的「家庭的氣味」。

▼去除寵物臭味的凱特尼普

寵物的體臭不但令人煩惱，跳蚤也是傷腦筋的對象。可同時解決這兩個煩惱的，是香草凱特尼普（貓所喜歡的香味）。

這是屬於薄荷系的香味，不過比薄荷帶有少許澀味，常適宜消除寵物特有的臭味。使用法非常簡單。用手仔細搓揉二～三片葉片，讓香味散出後整個塗抹在寵物的身上。

貓最喜歡這種香味，絕不會掙扎逃脫，而跳蚤會因這種香味變得行動遲鈍，因而可以利用凱特尼普做成項圈，套在寵物的脖子上。跳蚤會全數聚集在該處，只要將整個項圈丟棄，即可大功告成。

凱特尼普是非常容易培育的香草。飼養寵物的家庭，最好栽種在盆栽裡。

另外，表面上有無數細孔的火山灰，可以達到消除寵物尿臭的效果。利用歐薄荷除尿臭的同時，上頭撒上火山灰，放置約半日，即可全數吸取所沾染的臭味。接著將火山灰打掃清潔，就不再有任何臭味。

市面上出售有鋪上砂土做為寵物如廁使用的物品，如在其中添加火山灰，更能增強除臭效果。不過，只放火山灰會揚起灰塵，最好混雜一點砂土。寵物臭對沒有飼養寵物的人而言，是苦不堪言的。在迎接訪客時，避免失禮是非常重要的待客禮儀。

▼渴望消除鞋箱臭味時

擺在玄關的鞋子所散發的惡臭，有時會令人作噁。由於只是剎那間的嗅覺，住戶本身會立即忘卻，然而對訪客而言，也會影響其對該戶人家的印象。

有關腳或鞋的臭味的因應對策如前所述，而鞋架的除臭與芳香的製造，也是該留意的一點。利用上頭有無數細孔的火山灰當做除臭砂使用，具有神奇的除臭效果。若要製造芳香則將歐薄荷或莎波莉的香料，混雜在火山灰的袋上。比率是脫臭劑二〇〇公克加香料二ml。

不僅除臭又能在鞋箱裡散發芳香。根據鞋箱的大小持續時間有異，當包火山灰的不織布，沾染皮革或動物臭時，則予換新。在對香味敏感的梅雨或夏天的季節，必須勤加檢查。

玄　關

歐洲五星級飯店的大廳，都會裝飾巨大的室內香。除了帶有以芳香款待顧客的含意之外，也具有消除在人來人往較多的場所，所產生的各種臭味的效果。

玄關也可說是相當於住戶臉孔的場所，走進玄關剎那間的印象非常重要。如果能以芳香來迎接訪客，或令訪客親身體驗不同季節的芳香，乃是無上的殷勤款待。

▼為玄關添加季節芳香——春

春天令人想起櫻花。櫻花花開的時間非常短暫，也因為如此而凝聚春天的芳香。

利用泡櫻花澡的櫻花鹽漬，來扮演散佈春天芳香的使者。

只要將鹽漬的櫻花和切絲的青紫蘇混合一處，即可製造日本式的春天芳香。裝盛在含蓋子的時髦陶器內，訪客來臨時，則將蓋子打開。

▼為玄關添加季節芳香——夏

將夏天的嫩葉乾燥後，裝飾在竹籃內，即可製造清爽的夏天芳香。

柑橘系的葉片具有清爽的香味，栽培在陽台極為便利。

譬如，葡萄柚的葉子，吃完葡萄柚後，不要將種子捨棄，而將其種植起來。冒出芽長得茁壯後，連根挖起移植在盆栽內。翠綠色的葉片和白色的花朵，當做室內裝潢別有一番風味。雖然不會結果，但略帶苦澀的香味，最適合夏天的感覺。

除了葡萄柚之外，檸檬、橘子等也可令人享受具有清爽芳香的葉片與花朵。

杉木也有夏季的清爽芳香。親手製作在酒庫常見的杉球，當做裝潢來擺飾吧。把杉樹葉密密地插在圓形的海棉上。插畢剪齊樹皮的長度，就是一個圓狀的杉球。

杉球具有避邪的含意，跟和室的玄關非常搭配。藉此可以體驗杉木香及森林浴的情趣。

▼在玄關添加季節芳香——秋

利用落葉可表現秋天的景象。枯葉本身就是上等的室內香。被蟲咬過的樹葉別具風味，只要撿拾多量的落葉裝在籃子裡擺飾即可。

如果和團栗或松果等樹果一起裝飾，更顯現另一番秋天的情意。

如果希望添加芳香，則加入山椒粒，它能聚集落葉的芳香，使其更為突出。

▼為玄關添加季節芳香——冬

在玄關添加季節的芳香

春　利用櫻花鹽漬和切絲的青紫蘇製造春天的花香

夏　把夏天的嫩葉乾燥後裝飾在竹籃內

秋　將落葉和樹果裝盛在竹籃內

冬　利用水仙和檸檬皮做成室內香

在寒冷徹骨的天候中，幾乎沒有人會討厭散發美麗哀愁般香味的水仙花。用烘乾機吹乾的花瓣，或活生生鹽漬的花瓣，都適合做室內香。它和檸檬烘乾的皮或帶有檸檬香的香草，其匹配性最佳。

▼在公寓的玄關裝飾乾燥花

玄關是開關頻繁的場所，最適合製造乾燥花或乾燥香草。從天花板垂吊季節的花，即能適當地乾燥。乾燥花的殘香飄散在玄關，以另一番格調迎接訪客來臨。

不過，如果數量稀稀落落反而會有污垢感，因此，最好能大膽的裝飾整個玄關的天花板。不僅看起來華麗，也能給煞風景的玄關提高格調。

這是適合大樓玄關的裝潢。獨棟戶的玄關並不適合裝飾乾燥花，最好能插簡單的季節花。

▼利用加蜜蕾地毯展現時髦

在此為希望別出心裁招待訪客的人，介紹一個令人意外而豪華的佈置法。這也是利用芳香的待客方式，必定令訪客產生無可忘懷的印象。

加蜜蕾的花繁殖力極強，一旦培育後會陸續繁殖。當加蜜蕾開出許多花時，將它鋪陳在玄關做成花瓣地毯。

當訪客走進玄關踩在花瓣地毯上，便會揚起加蜜蕾的芳香。越踩芳香越濃烈，不論再多的訪客也不會散失芳香。

踐踏之後會殘留種子，將種子聚集起來播種，不久又會開出許多花來，當然又可應用在待客之道上。這是奢侈又華麗的裝飾。

▼利用玫瑰天竺葵迎接訪客

玫瑰天竺葵是綻放粉紅色花朵的香草，誠如其名，帶有玫瑰的芳香。

碰觸後立即產生濃厚的香氣，將它種植在進入玄關之前的通道上，可以令訪客享受至高的芳香。

只要碰觸走在廊道上的人的裙襬或皮包，即會散發芳香。雖不是玫瑰，卻帶有意外的玫瑰芳香，足可扮演迎賓的重要角色。

玫瑰天竺葵可利用接枝多量繁殖，有廊道的家庭不妨一試。

和室

對日本人而言，和室是令人身心舒坦的場所。也許是榻榻米的香味或檜木香等，使人格外感到心緒的平靜。

適合和室的香味，較為含蓄的，乃是富有令人感到精神鬆弛的季節感的花香。即使未曾熟稔香道，也可親手製造這樣的芳香。

▼平安時代的薰香「梅香」

在日本平安時代，貴族之間，香乃代表一種階級。翻閱平安文學，必有讚美香的描述。其中「梅香」至今仍應用於節慶上。製作起來極為簡單，請各位試試看。

要領是將材料依序用研缽攪拌在一起。請不要弄錯材料放進的順序。

①沉香 $1\frac{1}{3}$ 大茶匙　②麝香 $\frac{1}{2}$ 小耳匙左右　③梅肉 1迷你湯匙　④醋2滴　⑤丁香 $1\frac{1}{2}$ 小茶匙　⑥貝香 1小茶匙　⑦甘松 1小茶匙　⑧蜂蜜 1小茶匙　⑨陳香（梻木） $\frac{2}{3}$ 大茶匙

攪拌之後，做成適當的圓狀，放置十天左右即完成。（約八個份）

把它放在香炭上加熱，整個房間即散發平安時代的「梅香」。也許可親身體驗日本平安時代，女流作家子紫式部清少納言的心境。

▼輕易地享受檜木香

檜木香非常神奇，會滲透人心。由檜木搭建的房間或澡堂，必須花費相當的費用，即使效果奇佳也要三思。在此介紹一個可以輕易享受檜木香的絕妙方法。

到建築工地去時，會找到檜木的木屑。把這些木屑帶回家，和山上所摘取的杉葉或枝幹混雜一起，再添加迷迭香。最後撒上檜木和西洋杉的香料就完成了。

檜木的室內香材料如下：

①檜木的木屑　2杯　②檜木的枝、葉　1杯　③歐薄荷　4大匙　④迷迭香5大匙　⑤西洋杉粉 $\frac{1}{2}$ 小匙　⑥歐克摩斯粉 $\frac{1}{2}$ 小匙　⑦白檀 $\frac{1}{2}$ 小匙

把上述材料混合一起，約兩週的時間使其成熟。放置在與和室搭配的覆蓋容器內，希望享受芳香時卽可打開瓶蓋。

※　※　※

利用親手調製的檜木室內香，營造「森林的室內香」。

把杉樹的生葉，滿滿地插在乾燥用的圓狀吸水性海棉上。剪齊樹枝以樹枝為支柱，插在

裝有檜木室內香的盆栽內。忙得無法外出的人，也可利用這個方法，在房子裡體驗森林浴的心曠神怡。

▼大廈的和室適合歐薄荷的線香

線香獨特的芳香與和室最為搭配。但是，同樣是和室，在大廈中總帶有違和感。如果是添加歐薄荷香料的線香，會更為調和的添加和室的芳香。不僅是歐薄荷，市面上也出售帶有花香的線香，可輕易享受和室的芳香。

另外，燃燒乾燥的歐薄荷樹枝即可代用。歐薄荷的芳香最適合平撫心緒。

房間

隨著年齡與性別的不同，所喜愛的香味也不相同。小時候感到嫌棄的白檀香，隨著年齡的增長，倍覺格調高雅，甚至對於男性用的古龍化妝水也感興趣。

請避免擅自製造香味而忽視個人嗜好的不同。每個房間有其適合與不適合的香味。

▼兒童房間用水果香

據說房間的香味，對兒童是否合適，甚至會影響其學習意願。紐約精神衛生研究中心，已經證實了這個事實。

讓兩名兒童學習法語單字，其中一名兒童使用一般的單字表，另一個兒童則使用帶有香味的單字表，一個月後進行測驗，結果使用帶有香味單字表的兒童，對單字的記憶力較高。

據說剛出生的嬰兒，可以清楚辨別母親的味道，對糞便或尿臭卻沒有任何不快感。但是，隨著年齡的增長對臭味漸漸的敏感。小學左右的兒童，一般對花香不感興趣，而喜好水果或食物的香味。其中尤以草莓的香味最受歡迎。

兒童使用的牙膏之所以添加草莓香味，乃是為了讓兒童養成刷牙的好習慣。

水果香最適合裝飾兒童的房間。雖然可以利用水果籃裝飾，其實可以更簡便的利用帶有水果香的香料植物，來扮演播香的角色。蘋果薄荷、鳳梨山艾、檸檬草等兒童喜好的香料植物，多得不勝枚舉。

▼男孩的房間放置火山灰

男孩隨著成長體臭會加劇。身體散發有如麝香和白檀混合的汗臭。除了衣服外，房間也會沾染這種臭味。

具有效果的除臭法，是在房間角落的上方放置使用火山灰的除臭劑。臭味從下方往上飄散，因而可在上部除臭。

除臭後，再製造適合男孩房間的香味。與男性的體臭最協調的，據說是百里香。可擦生的百里香或在壁上裝飾乾燥百里香，藉此散發清爽的芳香。

在希臘，「散發百里香味的男性」，乃是一句對男性最大的讚美詞。

為面臨考試的兒童，在其房間的窗邊插一束迷迭香，據說可以提高記憶力。同時，用薄荷葉擦拭書桌，不但能散發具有清涼感的芳香，又可驅除睡蟲，加強集中力。

▼年長者的房間放置慕斯克馬蘿

年老之後身體會散發一種味道，稱其為「老人臭」。據說這是因身體衰弱所引起的各種疾病所造成。譬如，齒槽膿漏所產生的口臭，或患有腎臟病的老年人，所發出的阿摩尼亞臭等可謂代表。

有老年人的家庭，為了保持其身體的清潔，平常應為其留意這類當事者毫無所覺的臭味。

一個人上了年紀後，總會變得孤獨，香味也有助於從孤獨感中獲得解放。

自律神經之一的交感神經分佈在血管、內臟，支配呼吸、消化系統的活動，若要保持其機能正常，麝香最具效果。

慕斯克馬蘿是散發麝香味的香料植物，其味道比麝香柔緩甘甜。麝香具有刺激異性，產生元氣的效果，也可以復甦活力。天然的麝香香料，味道濃烈價格昂貴，倒不如插慕斯克馬蘿來得合宜。

慕斯克馬蘿會開白和粉紅色的小花，也可以當做房間內的飾品，令人賞心悅目。

將剛摘取的香料植物插在花瓶內，即可為老年人建立一個舒適的生活環境。但是，香料只不過是手段，基本上還是要有體貼之心。

▼歐薄荷最適合去除書櫃的霉臭

從書櫃拿出塵封已久的書籍時，刹那間會因其霉臭皺起眉頭吧。雖然書櫃的門確實關緊，也會留下空隙而滲透濕氣。紙張容易吸收濕氣，放置數月自然會帶有霉臭味。

如果覺得曬書是件痲煩事，倒可利用歐薄荷的香味去除書櫃的臭味。做一個乾歐薄荷的香包放在書櫃內，即可消除霉臭。也可以直接放進歐薄荷的樹枝。

另外，若要消除舊書的霉臭，也可直接將歐薄荷的折枝夾在書本內，即可達到效果。把兩張剪成書頁夾大小的紙張，黏合起來做成袋狀，中間放進乾歐薄荷。用竹串從上方鑽個小孔就完成了。這個小孔的大小不要使乾歐薄荷外漏的程度。

買書回來後，立刻夾乾歐薄荷製成的書夾即可。它還兼具除書蝨效果，請務必試試看。

3　車、陽台、庭院、放垃圾處…不再為這些臭味煩惱

屋　外

▼去除屋外的臭味

車內容易聚集臭味，難以保存令人心曠神怡的香味。車內混雜著搭乘者的體臭、煙臭，或行李箱中行李的臭味，以及車外滲入的臭味，同時緊閉在狹窄的空間裡，自然會放出異臭。

但是，自然的素材不僅可以去除這種惡臭，還能產生芳香。車內的空氣是乾燥的，放進生的香料植物，立即可製造乾燥香料，而且會殘留清爽的芳香。當乾燥香料變得乾裂時，可直接當做芳香劑使用，也可以應用在其他做為室內香。

任何香料植物都行，只要避免可做啤酒原料及具有催眠效果的酒花和瑪鳩拉姆。因為，

行駛中如果打瞌睡就糟糕了。

另外，放水果也是個好辦法。鳳梨、蘋果、花櫚等最適合。尤其是柑橘類的水果，其芳香可去除睡意，最適合長時間的駕駛。

至於在丟棄垃圾之前，不得不放置在陽台或庭院的垃圾筒。該如何處理呢？在溫度高的日子，其臭味會增加二、三倍。

生垃圾的除臭如前所述，利用烏龍茶的茶渣最具效果。把烏龍茶的茶渣覆蓋在垃圾的表面即可吸取臭味。

此外有稱脫臭砂的火山灰，或脫臭用的噴水劑，都能達到效果。

蟲

在大自然的孕育下，自然環境越優裕，當然昆蟲的種類及數量也會增多。如果用殺蟲劑去除對人類並不會造成傷害的昆蟲，則有違自然，同時，殺蟲劑使用過多，對人體也會造成不良影響。

在環保意識抬頭的現代，不妨利用自然所產生的香味，來對抗自然造就的蟲害。

▼蒼蠅怕玫瑰天竺葵

在做好的料理上四處亂飛的蒼蠅，揮之不去令人深惡痛絕。其實蒼蠅最怕散發玫瑰味道的玫瑰天竺葵。只要在窗邊的盆栽或在餐桌上，插上一株玫瑰天竺葵，不但會散發芳香，又可驅逐令人不快的蒼蠅亂飛。

或者，使用室內香常用的艾菊、義大利料理使用的紫蘇，也能達到同樣的效果。

若要去除牛舍附近大量聚集的蒼蠅，則在四處噴灑玫瑰天竺葵的精油，幾乎可以完全消除蒼蠅。

▼蚊子的天敵是喜多羅尼拉

任何人都有過在夏天的夜晚被蚊蟲騷擾而睡不著覺的經驗吧。稱為喜多羅尼拉的香草，可以驅除妨礙夏天安眠的蚊蟲。如果不方便栽培則購其香料。

在終年高溫的斯里蘭卡，到處都需要喜多羅尼拉精油。喜多羅尼拉會散發檸檬系的清爽芳香，沾在身上也無所謂。筆者本身就曾在斯里蘭卡親身體驗。

被昆蟲咬傷時，塗抹在皮膚上立即止癢，而事先塗抹在手腳，則不會被咬傷。

將這個香料噴灑在紗門上，即可度過快適的夏夜。在日本可以輕易購得這種香料，每戶人家準備一瓶，以備不時之需。

▼螞蟻最討厭檸檬和瑪鳩拉姆

看見勤勞幹活的螞蟻們，的確令人讚嘆不已，但是，如果家中跑進螞蟻四處據地為營，則令人傷透腦筋。

有一個可以輕易擊退螞蟻的方法。在螞蟻的通道上放檸檬切片，會使螞蟻在該處繞道回去。而經常做為調味料的加味，使用的瑪鳩拉姆樹枝也有同樣的效果。建議不忍心用腳踏螞蟻的人，使用這個方法。

▼去除跳蚤的三種香草

貓身上的跳蚤可用凱特尼普處理，若是躲藏在家中的跳蚤，可真麻煩。

這時要使用乾燥的艾菊、百里香、歐薄荷。

單一種類或上述三種都無妨。將它們灑在地毯上，過一會兒再用吸塵器吸除，即可一網打盡。

▼用檸檬草去除白螞蟻

老房子常見的白螞蟻，建議您使用檸檬草。把一束檸檬草放置在白螞蟻可能存在的場所，即可達到效果。

印度或斯里蘭卡等國，白螞蟻特多，因而檸檬草的用法也別具功夫。譬如，用檸檬草罩在電燈的外罩上，點亮燈時隨著加熱而飄散檸檬草的芳香。這乃是因白蟻苦惱的國家，從生活中所獲得的智慧。

▼另一種去除蟑螂的方法

如前所述，蟑螂討厭丁香的香味，此外，也討厭薄荷、歐薄荷、檸檬尤加利的味道。

這些香草之所以能去除蟑螂，也許是因其共通的蜂油成分，所發揮的效果吧。

▼被蜜蜂咬傷時擦紫蘇葉

雖然蜜蜂並非害蟲，然而曾經被蜜蜂刺傷的人，應可體驗其攻擊力之可怕。

被蜜蜂刺傷後不僅疼痛，皮膚還會化膿，不過，搗碎紫蘇葉將其塗抹在患部，則可抑止傷勢惡化。山椒葉也有效果，搗碎後塗抹在患部可抑止疼痛。不過，這些純屬應急措施，應立即到醫院接受檢查診治。

蜜蜂討厭淡紅葵的花。在蜜蜂可能出入的場所，摘取淡紅葵的花朵搗碎後塗敷在手腳上，即可達到預防效果。

▼蜜蜂討厭核桃的香味

發現庭院裡有蜜蜂巢窩時，立即澮灑散發核桃芳香的噴霧劑。核桃含有班茲乙醛的物質，而蜜蜂就是討厭這個味道。

如果不知蜂巢在何處，可用人工方法製造蜂巢。準備一個箱子，在箱內放進帶有檸檬風味的香草、檸檬巴姆，生或乾燥都可。蜜蜂在檸檬巴姆的誘導下飛進箱內。當箱子裡聚集了蜜蜂之後蓋上，一併解決。雖然這個方法顯得狠毒，然而蜜蜂所造成的傷害日漸嚴重。這個方法值得一試。

▼被毒蜘蛛咬傷時用肉桂

昆蟲中也有帶著毒性攻擊人的害蟲。雖然這是昆蟲為了保護自己的殺手鐧，然而被刺傷的人可真冤枉。如果能知道前往醫院診療之前，抑止受傷處的化膿及舒緩疼痛的方法，則可避免慌張。

因地域環境的不同，有些地方還有許多毒蜘蛛生息不已。被毒蜘蛛刺傷的瞬間會產生劇痛，當時如果用桂香料塗抹患部，可以減緩疼痛。

為了避免毒蜘蛛侵擾，可以在庭院或窗邊放置肉桂片。

▼被蜈蚣咬傷則用蜈蚣油

蜈蚣可說是節足動物的象徵。從其亦稱「百足」看來，似乎不少人嫌棄那令人毛骨悚然的模樣吧。而且，被蜈蚣咬傷會感到疼痛、紅腫，久久難以回復。

所謂以毒攻毒，被蜈蚣咬傷後用蜈蚣來治療。

首先抓一隻蜈蚣。空瓶裡放進油，再將蜈蚣浸泡其中密封起來。蜈蚣會在油中分泌其精髓而死亡。這稱為蜈蚣油，乃是被蜈蚣咬傷時的特效藥。只要塗抹在患部即可完全痊癒。而浸泡的油，可使用家庭的食用油。

▼被黑蠅叮到則用野蒜

像小洋蔥的根及細長的莖、細長的葉的野蒜，在被黑蠅叮傷時，具有抑止搔癢與紅腫的功能。黑蠅和野蒜之間關係極為奧妙。黑蠅所在之處必有野蒜。也許是自然的法則。

被黑蠅叮傷時，首先看四周的環境，一定會找到野蒜。用接近根部的莖，擦拭患部可立即治癒。

動物

人是和動物共存的。不過，其中也有令人感到棘手或困惑的動物。如果希望某些令人討厭的動物不要親近自己——這時利用該動物所討厭的香味，即可輕易驅除而不必傷害到它。

▼利用玫瑰花香驅逐鴿子

鴿子所造成的公害，曾經變成日本的社會問題之一。撒糞在掛置於陽台上的衣物、集體突襲手上拿著糕點的兒童、吵雜的叫聲令人神經衰弱……等等。對家庭而言，最令人困擾的，首推撒糞在陽台的衣物上吧。鴿子的糞便不僅骯髒且帶強烈惡臭。洗滌也難以去除，相信有不少人傷透了腦筋。但是，庭院經常可見的漂亮花朵的香味，卻是鴿子的大敵。這種花竟然是玫瑰。

在各種花香中之所以制敵有功，我認為也許是皮膚脆弱受到傷害即難以回復的鴿子，從前曾因玫瑰的刺傷，而在本能上記取教訓吧。玫瑰的成功，甚至造成了玫瑰香料罐頭的暢銷商品。只要散佈玫瑰香，任何方法都具效果。種植或把沾有玫瑰香料的棉花，裝在容器內放置——如此即可避免鴿子的公害。

令討厭的昆蟲、大感棘手的動物無法靠近的香味

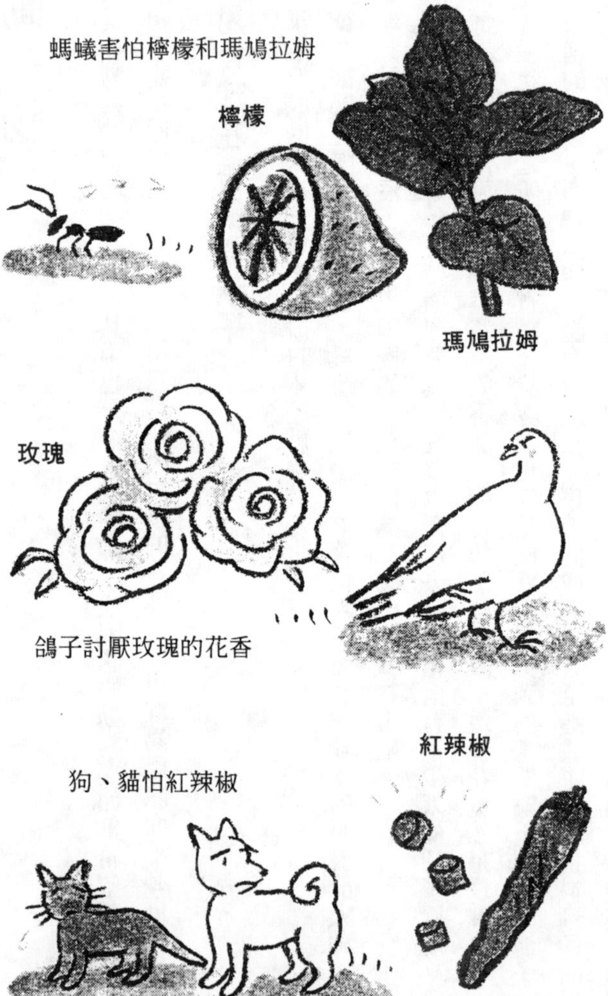
螞蟻害怕檸檬和瑪鳩拉姆
檸檬
瑪鳩拉姆
玫瑰
鴿子討厭玫瑰的花香
紅辣椒
狗、貓怕紅辣椒

▼狗、貓怕紅辣椒

因為野貓和狗闖進庭院而大傷腦筋的人，可用紅辣椒解決問題。把又稱鷹爪的紅辣椒撕成數塊，撒在野貓野狗可能闖進的地方。辛辣的味道可以防止貓狗的入侵。

但是，紅辣椒的味道無法持久，下雨後會掩埋在土內，必須經常撒放。

▼老鼠害怕大蒜、苦艾

老鼠是困擾人們生活的大敵。而其手腳俐落，舊式的捕鼠器已失去效果。那麼，我們就想一個老鼠無法逼近的辦法吧！

其實老鼠討厭大蒜的味道。只要剝開大蒜放置，即可發揮效果。美國的研究中，也證實了大蒜可以擊退老鼠。

此外，老鼠也討厭香草、苦艾，放二～三顆在老鼠可能出入的地方，立即能看出效果。

▼造土時大蒜不可或缺

即使窄如貓額的庭院或陽台，只要動點巧思，也可搖身一變為添加每日生活色彩的「香料園」。

種植植物時最傷腦筋的是昆蟲。在此為不想使用防蟲劑的人，介紹驅蟲的好方法。

在造土階段掩埋大蒜片，即可避免昆蟲的干擾。不過，必須留意的是不要掩埋在所種植的幼苗旁邊。

譬如，種植薄荷苗時，如果附近掩埋著大蒜，會使薄荷香帶有大蒜臭。若是種植在盆栽或陽台上，則把大蒜放在角落，若是庭院則掩埋在偏離幼苗的位置。

瑞士著名的玫瑰園，也利用大蒜片來培育植物。大蒜乃是園藝史中，不可或缺的輔佐。

另外，乾燥的山艾也具有效果，可依同樣的方法一試。

第二章

健康高手也驚訝不已

▼美容、保健、鬆弛

花、葉的香味效果

——睡不著的夜晚歐薄荷的調香絕對有效……等71項——

1 疲倦、失眠、壓力、精力……獻給為止煩惱的您

歐薄荷

找一個可以徹底鬆弛身心的時間，確實比想像的還難。現代社會每個人及社會整體，似乎被時間追得連喘一口氣也覺得吝嗇。

治療身心的疲勞，應該在浴室充分舒展壓力，並得攝取充分的睡眠。而香草有助於身心的鬆弛。首先我們來試試令心緒平穩的歐薄荷的效果。

據說歐薄荷的香味，具有使人心緒穩定的功能，而最近關西醫科大學的神經科研究小組，發表了以科學的手法證實其效果的實驗結果。

實驗內容是讓受驗者帶著沾染歐薄荷精油的口罩，以調查吸取歐薄荷香料後的腦波活動。結果發現許多鬆弛狀態所呈現的 α 波，或想睡時出現的餘波，從而確認歐薄荷所具有的鎮靜效果。

富有清潔感的香味、美麗的花色，有助於消除精神壓力，無怪乎歐薄荷乃是人緣的焦點。

▼歐薄荷的香味使心緒穩定

用歐薄荷肥皂清洗身體，能使心緒平靜，如果在浴缸內滴三～四滴歐薄荷油，身體再浸泡其中，更能享受優雅的情趣。即使當天有令人不快的事，沈醉在散佈歐薄荷芳香的沐浴時光之後，所有的精神壓力都可一掃而空。

歐薄荷油可以說是治療心靈健康不可或缺的寶貝。

▼無法成眠的夜晚請用此法

歐薄荷除了具有鎮靜效果外，其顯得楚楚動人的淡紫色花朵，也許正是博得人緣的秘密武器。充滿浪漫情調的花色，可以為寢室帶來時髦感。

- 如果渴望把最接近自然的歐薄荷芳香帶進寢室，則在燈罩內插一枝歐薄荷，隨著點亮的同時，浮現歐薄荷的花影，並散發清淡的芳香。
- 再塗抹歐薄荷油，隨著燈泡的熱度使香味更濃郁。
- 在枕邊放置歐薄荷的香包，可在芳香中入睡。

・把乾燥的歐薄荷做成花束，或裝在竹籃內當做房間裡的擺飾。看起來美觀又可享受芳香的高雅裝潢。

・在窗邊放置歐薄荷的盆栽，隨著微風的吹拂傳來花香。

・洗完被單、枕頭罩之後，把沾有歐薄荷油的棉花裝進袋內，放在乾燥機內烘乾。當乾燥機停止運作時，香味已染遍了床單枕頭罩。

・將歐薄荷油噴灑在燙衣台上，燙衣服時由於加熱作用，使得香味轉移散佈在整個房間。

・把沾染歐薄荷油的棉花放在抽屜或箱內，可移植芳香。

具有鎮靜效果的歐薄荷，在浴室或寢室內，可以依上述的各種方式來使用。

▼利用香草製作安眠枕

香草的效用非常廣泛，其中有鎮靜效果或安眠效果。將這些自然的效果精細地組合，可以製造一個極時髦又芳香的安眠枕。

＜材料＞（使用乾燥香料植物）

①歐薄荷　40公克　②酒花　10公克　③加蜜蕾　10公克　④山艾　1小茶匙

⑤瑪鳩拉姆　10公克　⑥安息香　$\frac{1}{3}$小茶匙　⑦白檀　1小茶匙　⑤歐薄荷油

無法入眠夜晚的歐薄荷效果

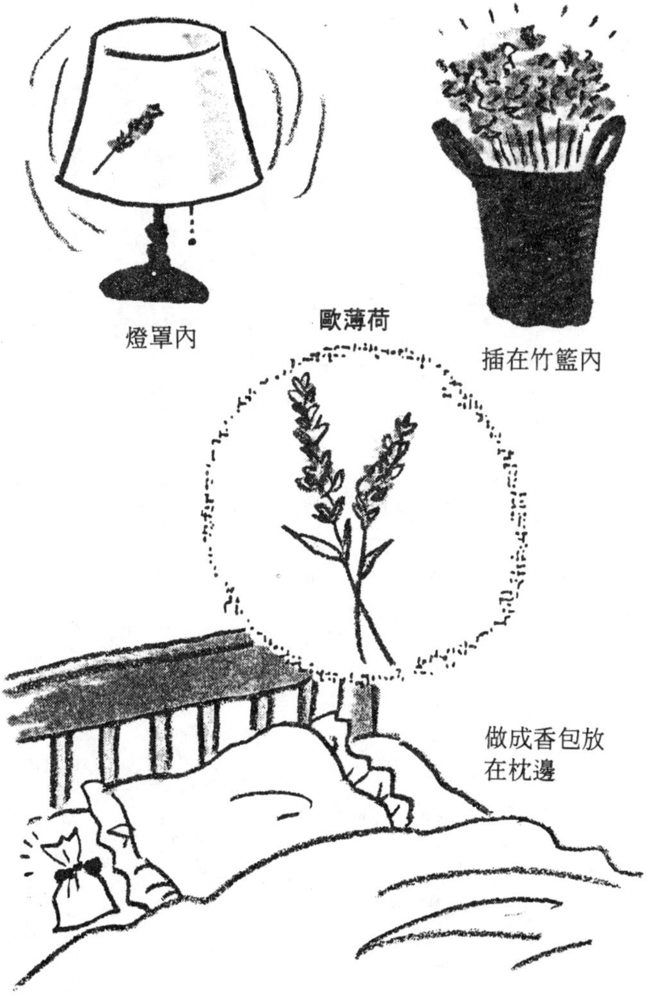

3～4滴

將以上材料混合後用手藝棉包裹住。縫合成枕頭型做成迷你墊枕，再縫合開口即完成。具有鎮靜效果的歐薄荷、加蜜蕾，以及具有安眠效果的酒花、瑪鳩拉姆，和安息香適切地調和，可誘導人進入舒適的夢境。

另外，可從庭院或陽台摘取歐薄荷、瑪鳩拉姆、蘋果薄荷做成小花束，放在客用房間的枕邊，並附帶一張「祝您晚安」的卡片。

做為寢室用的香草，實在時髦而典雅。

▼歐薄荷可消除暈車

根據個人心態，所處暈車的情況會減輕，也有可能加重。

具鎮靜效果的歐薄荷芳香可以緩和暈車。只要將沾有歐薄荷精油的手帕貼靠在鼻側，多半可以抑止暈車。

在皮包裡隨時放置棉花與精油，以備不時之需。

香　草

人的本身隱藏著自己未曾察覺的能力。而多數人可能因心理上的壓抑或疲勞，無法發揮潛在能力。

香草的芳香可以刺激人的本能。由於這是大自然所孕育的香味，才可以誘導出人意料的本能吧。

▼利用檸檬提高工作效率

檸檬的芳香不僅清爽，還具有提高集中力的效果。

譬如，上班前覺得身體狀況不佳時，不妨帶一個檸檬外出。當做水果啃咬或放在鼻前聞其香味，即可使情緒振奮，集中精神專注於工作。

最近，似乎有越來越多的公司行號，流行在辦公室內製造芳香。根據報告指出，確實有因散佈檸檬芳香而使業務過失減至一半以下的實例。

消除睡蟲干擾，提高集中力，的確以檸檬的效果最佳。

檸檬的芳香對考生帶有絕大的效果。考試前數分鐘，含檸檬片啃咬幾次，即可提高集中力。檸檬有助於集中力的效果，可避免以往的努力付諸流水。

▼利用茉莉花茶提神振氣

據說聞茉莉花香比喝咖啡更能增強元氣，不過，栽培茉莉花既費時又麻煩。因此，不妨利用茉莉花茶來享受其芳香。茉莉花茶所使用的是茉莉花種，其香味濃郁。如果渴望過著精力充沛的日子，建議您在早上喝一杯茉莉花茶。

▼令人幹勁十足的的薄荷香

薄荷香不僅能使人產生幹勁，還具有促進食慾、回復男性精力的功能。從前謠傳薄荷香煙會造成男性性無能，事實恰恰相反。只要將薄荷裝飾在桌上，即能發揮效果，當然也可生食或浸泡薄荷澡。一定可以藉由薄荷芳香消除疲勞。

▼提高記憶力的迷迭香

迷迭香的香味，是充滿爽快感的薄荷腦系的芳香。和松葉的香味類似。迷迭香具有提高記憶力效果已獲得證實，有考生的家庭不妨擺一盆迷迭香的盆栽。也可

對心靈產生作用的香草秘密效果

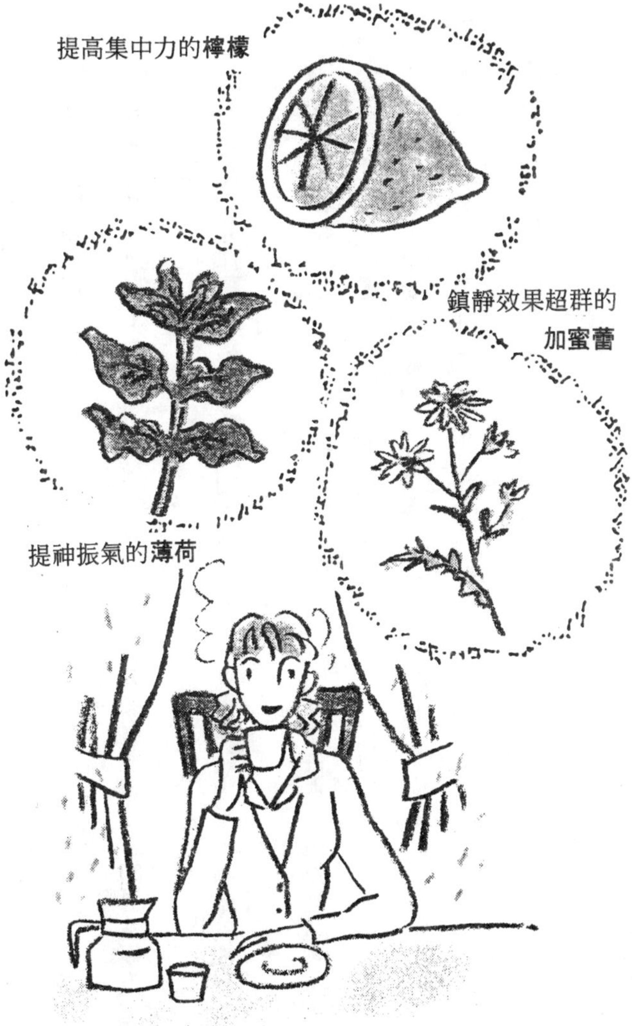

以做一個迷迭香的花圈裝飾，在兒童的房間裡。

▼伊蘭伊蘭樹回復男性精力

稱為伊蘭伊蘭大樹所開的花，其香味對於因疲倦而漸漸失去食慾、性慾的男性極為有效。

伊蘭伊蘭樹原產於菲律賓，是巨高的大樹，據說是從前在罹難船上唯一獲救的船員所發現的。

目前伊蘭伊蘭的香味，是法國男性們視若精力源的重寶。而在日本只做為製造香水的點綴，不過，法國芳香療法的書上，冠冕堂皇地記載著：「男性若有性無能，只要聞伊蘭伊蘭的芳香，立即痊癒。」

這是適合男性的香味，因而少獲女性的青睞。

▼加蜜蕾可使心情溫和

和歐薄荷一樣，加蜜蕾也具有鎮靜效果。

覺得身體不適，尤其在生理前或生理期間，往往難以自我控制情緒。這時試著利用加蜜蕾的芳香保持平靜。也可以使用加蜜蕾的肥皂。

另外，將加蜜蕾包裹在紗布袋內放在浴缸，再將身體浸泡其中，洗完澡後，手腳、臉部會覺得細嫩滑溜。而更重要的是心緒變得溫和。

▼柳橙花適合緊張的人

柳橙花具有平穩情緒的效果。

很可惜的是難以找到柳橙花，不過，可利用橘子等柑橘系的花，試其同樣的效果。也可以利用從柳橙花攝取的妮蘿莉香料。用棉花或手帕沾染妮蘿莉香料，貼靠在鼻側，可立即體驗心情的平靜。在人前會緊張的人，可在必要的時候使用。

▼森林浴的意外效果

忙亂而又污穢的都會空氣，不僅侵蝕心靈，甚至身體也被啃食殆盡。目前是人們認真思索心靈與身體健康的時候。

也許人們對都會的便利已開始產生疑問，發覺人類終究只能與自然共存吧。「森林浴」是當今的休閒熱潮。

森林中新鮮的空氣、沈靜的氣氛，可帶來舒適，不僅風景美麗，林木間還會散放具有殺菌效果的 phytoncide 物質。phytoncide 物質早已被證實對白喉、百日咳具有療效。另外，森林浴的香味，具有擴散瞳孔的功能，因而可以紓解眼睛疲勞。

phyton 代表「植物」，而 cide 表示「殺死」，直譯則成為「植物殺死其他物質」。植物和動物不同，無法自由活動，因而為了保護自身而散發香味，以殺死其他的物質。這種物質碰巧對人體有益。

鎖定森林浴效果的商品到處開發，目的是使人居家也能享受森林浴，換言之，是將森林的香味帶進家庭內。

利用自然素材，將檜木的室內香或杉球組成裝潢，若是六～八疊的房間，則可將一～二片白檀破片放在香爐內焚香。

樹木的芳香對人們而言，乃是心靈的鎮靜劑。

2　感冒、牙痛、割傷、便秘……獻給為此病痛而憂鬱的您

感　冒

只不過是感冒，雖然是感冒——所謂萬病之源的感冒，的確不可等閒視之。最好在感冒初期儘早治癒。

咳嗽、鼻塞……不妨利用針對感冒各個症狀，而能發揮效果的香草。

▼香辛料飲料對感冒、發燒有效

據說蜂蜜檸檬可治療感冒，而更具效果的，是添加肉桂和丁香的飲料。

搾一個檸檬汁放進一大茶匙的蜂蜜，用開水稀釋後，製作一道熱蜂蜜檸檬，上頭放一粒丁香，再用肉桂片攪拌一次。

這個飲料不僅可暖和身體，其中的香草，具有將體內多餘的毒素排出體外的功能。它可

出汗、保暖身體、排泄毒素，乃是至高無上的感冒特效藥。
這個飲料的口感極佳，任何人都適合。如果不嫌棄小豆蔻的味道，也可添加進去。

▼喉痛利用百里香消除

雖然咳嗽並不嚴重，喉嚨卻疼痛而乾燥——這時使用百里香可完全消除症狀。將百里香浸泡在裝二分之一水的杯內，用浸泡的水漱口，即可消除喉痛。
在醫學上已證實百里香含有緩和頭痛成分。
喉痛時不要匆忙趕往藥局，不妨先跑到廚房吧。

▼南天果適合止咳使用

南天果的成分。植物鹽基的梅特斯基，具有止咳效果。
利用南天果的紅色果實製造南天酒，製作法和梅酒完全一樣。浸泡三個月至半年左右，可當藥酒飲用。
添加蜂蜜更容易入口。
另外，可以利用金柑或花櫚代替南天的果實。附帶一提的是，南天的葉子含有解毒作用的成分，煮魚時放進生薑，可防止魚類腐爛。

添加香辛料的蜂蜜檸檬可治感冒

檸檬
蜂蜜
肉桂片
丁香
搾一個檸檬
放進一大匙
蜂蜜再添加開水
放一顆丁香
用肉桂片攪
拌

▼鼻塞時使用辛夷的花苞

寒氣漸漸紓解時，辛夷會結白色的花苞。可愛的花苞不僅賞心悅目，又具有實用性。煎熬花苞飲用，可消除鼻塞症狀。花苞綻放後會失去效果，一定要使用含苞待放的辛夷花苞。找不到辛夷花苞時，可嗅玫瑰天竺葵的香味，即可使鼻子通暢。

▼柳薄荷可治花粉症

每年在固定的時期，會因打噴嚏、流鼻水、眼睛癢而煩惱的花粉症。最近似乎有所謂改善體質的治療法，然而卻沒有準確的效應。而香草中，具有抑止花粉症狀效果的植物也不少。

我們就利用適合肉、魚料理的香草、柳薄荷，製造對應花粉症的熬藥吧。可使用生或乾燥的柳薄荷。將水和柳薄荷放進鍋內，慢慢燉熬成黑色的液體，濾過之後飲用。可依個人嗜好添加蜂蜜。

據說花粉症乃是因山坡地開發過度，使得花粉難以附著在泥土上而造成的。也許這是所謂自然的報復，而與之對抗的，到底還得藉助自然之力吧。

疼痛

疼痛有各種情況，諸如頭痛、牙痛、關節炎等，症狀也各不相同。如果能利用簡單的方法緩和疼痛是最好不過了。

各位不妨利用香草做為鎮痛劑。

▼突然的牙痛啃咬水田芥

若是蛀牙必須找牙醫師治療，但突然襲擊的牙痛，可利用水田芥緩解。而且，只要啃咬即可。

也可以啃咬梅乾或把丁香塞在有漏洞的蛀牙上。

另外，將野蔬菜繁縷洗過，加一把鹽在鍋內炒，然後塞在患部或夾在患處，都能抑止疼痛。

若是因慢性牙痛而傷腦筋，建議您親手調製薄荷酒。作法和製作梅酒的要領相同。在咖啡或果醬的空瓶內裝滿薄荷，再倒進滿滿的白酒。

將瓶罐密封，經過一個月後變成茶色，再將薄荷取出。用棉花沾染汁液塗抹患部，即能紓解慢性牙痛。

深夜突然的牙痛令人招架不住。如果有上述的準備就可安心。

▼頭痛使用玫瑰油和蘆薈

頭痛會令人心浮氣躁。利用成藥紓解頭痛也是方法之一，不過，我們不妨模仿從前老祖宗們所使用的方法。據說把梅乾貼在太陽穴上可緩和頭痛，我倒建議各位利用玫瑰油和蘆薈。蘆薈磨碎後搾出清汁，再滴上一滴玫瑰精油一起攪拌。把這個汁液塗在太陽穴上，即可消除頭痛。玫瑰油可以消除蘆薈的臭味，塗抹在太陽穴上並無礙。

▼痛風使用蕪菁的濕布

痛風是關節炎，最好的辦法是利用溫濕布。利用蕪菁可簡易製成抑止痛風疼痛的濕布藥。

將蕪菁切成細絲倒滿水燉至熟爛。用紗布或毛巾浸泡其熬汁做溫濕布。症狀輕微時，反覆做蕪菁的溫濕布，即可緩和疼痛。

▼風濕利用迷迭香的精油

風濕的原因尚是一團謎，因而根據醫師的診斷，有各種不同的治療法。

其實，迷迭香對緩和風濕的劇烈疼痛極具效果。

把迷迭香油滴二～三滴在浴缸內再泡澡。不僅能抑止疼痛更能使情緒平穩。如果對迷迭香的香味感到排斥，可混合歐薄荷。迷迭香兩滴、歐薄荷兩滴的比例最恰當。

也可利用迷迭香的生汁，或包在紗布內的乾迷迭香取代精油，同樣具有效果。

在香料史上記載著古時匈牙利的女王，因嚴重的風濕苦惱時，就是利用迷迭香治癒。因此，至今迷迭香的化妝水，被稱為「匈牙利水」。

歷史所印證的迷迭香效果，的確值得期待。

▼苦艾可治打傷

打傷、扭傷最適合利用濕布療法。我們可利用香草來做濕布。

將苦艾放在研缽內仔細研碎，再混合蜂蜜。一回份量大約是苦艾葉六～七片，加蜂蜜一茶匙。仔細塗抹在患部後，用紗布蓋住可立即紓解疼痛。

片刻也按耐不住的健康兒童，受到撞傷、扭傷乃家常便飯。有孩子的家庭平日準備這些溫濕布以防萬一。

傷

「擦傷、割傷乃是兒童的勳章。燙傷用水冷卻即可。」——雖然嘴裡講得頭頭是道，在緊要關頭總會亂了手腳。更何況萬一留下傷痕就糟了。傷的護理越早越有效。如果能知道身邊的野草或香草，具有何種效能，在緊要關頭就不會自亂陣腳。

▼抑止燙傷的歐薄荷油

對於在廚房孤軍奮戰的主婦而言，最常遭遇的危險是燙傷。燙傷後為了去熱，立即用水沖洗再塗軟膏，卻會留下痕跡。如果把歐薄荷的精油塗抹在患部，可立即消除燙傷的痕跡。

當然，這也要看燙傷的狀態如何，若是做料理時不小心燙到的傷口，一旦塗抹二～三回，持續數日後即可痊癒。

▼利用橄欖果消除燙傷痕跡

燙傷的處置可利用歐薄荷油，如果碰巧手邊沒有歐薄荷而留下燙傷痕跡時，建議您使用橄欖的果實。

取出浸泡在醋內的橄欖種子，用湯匙擊碎果實部份。把它塗抹在傷痕處，用紗布蓋住再用繃帶固定。一日更換數回，燙傷的痕跡會慢慢消除。不過，如果燙傷經過數日才處置，恐怕難以產生效果。

▼止血用蝦夷蔥葉

再小的傷口，根據其所受傷的身體部分，可能會有難以止血的情況。

用傷貼布黏貼或塗抹許多軟膏也無效——碰到這種時候，蝦夷蔥的香草會發揮驚人的威力。在蔥類中，蝦夷蔥本來是使用於燙傷或總燴湯、藥味使用，因而可在家庭裡栽培，對生活極為便利。

將蝦夷蔥葉稍微敲過後，貼在患部可立即止血。

蕺菜、艾草也具有同樣的效果，不過，艾草的效果較為緩慢。

突然的出血可利用蝦夷蔥或蕺菜。找到這些青菜時，將蛋殼上的薄皮貼在患部也有效果。

▼割傷用韮菜、鋸草

日常生活中，縱然沒有特殊的狀況，也常有割傷的可能。

割傷後立即將韮菜貼在傷口，用繃帶固定。如此即可抑止發炎及止血。塗敷鋸草葉也能得到同樣的效果。

▼鋸草可止鼻血

止血劑中以蝦夷葱最好，而若要止鼻血又屬鋸草為第一。塞在鼻孔的蝦夷葱，不僅能止血，其香味又不會令人排斥，乃是最佳的止血劑。

將鋸草煎熬後保存可備萬一。用棉花沾熬汁塞在鼻孔，可立即止鼻血。家裡有容易流鼻血的人，務必準備鋸草的熬汁。

▼歐薄荷是倒垃刺的特效藥

冬天空氣乾燥，有些人會因手部乾裂而煩惱。手指的倒拉刺也是煩惱之一。利用香草可在瞬間和倒拉刺說拜拜。

使用的材料是歐薄荷、百里香、西多拉爾等各種精油。比例依序是78比2比4。

把這些帶有殺菌效果、消毒效果，而能治癒傷口的精油混合一起。不僅可治療指頭的倒拉刺，對割傷、燙傷也有效果。只要塗抹在患部即可。

利用這些香料治療燙傷痕、口唇乾裂

取出橄欖種子搗碎其果實。再塗抹在燙傷痕上

橄欖

把一滴歐薄荷油滴在一茶
匙的蜂蜜內攪拌再塗抹於唇部

不過，若非天然物質則無效果。同時不要忘記保存在冷藏庫內。

▼唇裂可塗抹歐薄荷蜂蜜

空氣乾燥的季節嘴唇會乾裂。

預防嘴唇乾裂以歐薄荷蜂蜜最具效果。在一茶匙的蜂蜜裡滴一滴歐薄荷油，攪拌後直接塗抹在唇部。治療唇部萬無一失。

▼用大蒜去除魚眼

女性對身體肌膚最為重視。但是，再怎麼小心留意，也會有發炎、紅腫而難以治療的疾病，其中也有因而痛苦的人。

腫或魚眼也是令肌膚困擾的大敵。以下介紹保持潔淨肌膚的自然素材。

魚眼的藥乃是讓魚眼膨脹，變軟之後去除變成外皮的魚眼，然而使用大蒜更為簡單。

用湯匙搗碎大蒜的破片，塗在患部用繃帶固定。大蒜具有殺菌效果，如此護理一段時間之後，魚眼會變軟而不再感到疼痛。

三個月左右之後，隱藏在內部的芯會冒出來。

雖然帶有一點大蒜臭，請務必忍耐才好。

▼抑止腫、發炎的蕺菜、杉葉

消腫化膿以蕺菜葉最合適。

用火燻蕺菜生葉後，貼靠在化膿的患部即可。如此會一股氣逼出鬱積在內部的膿汁。

不過，對於齒脛腫脹等口內的腫症，認為蕺菜可能不恰當的人，可改用杉葉。將杉葉輕輕揉碎按在口中腫脹的部位，可達到同樣的效果。

▼艾草、茗荷、桃葉可治汗疹

上山下海，夏天是令人活躍的季節，但是，對於因汗疹而苦惱的人，也許是叫人憂鬱的季節吧。而嬰兒細嫩的肌膚若長上汗疹更叫人疼惜。

因此，建議您使用桃葉、山艾葉、茗荷葉。

將乾燥的葉片煎熬，塗抹其熬汁即有效果。若是生的茗荷葉，可直接在研缽裡磨碎，用其清汁塗抹。

另外，也可將乾燥的桃葉或山艾葉放在浴缸裡沐浴。

今年的夏天不再因汗疹而煩惱，盡情地享受夏日時光吧。

整腸

女性的腸比男性來得細膩。相信有不少女性，暗自因疲勞緊張造成的便秘，或精神壓力引起的下痢，感到煩惱不已。

▼利用添加檸檬酸的番茄汁去除宿便

附著在腸壁上的宿便，在一般的排泄時不會排出體外。因此，乃是造成腸蠕動遲鈍、便秘，甚至肥胖的原因。

可以利用成藥去除宿便，然而如果因而對身體造成劇烈的負擔則划不來。不妨利用較自然的方法，穩健做腸內掃除的工作。

用一瓶番茄汁或蔬菜汁等添加纖維質的果汁，加入二分之一茶匙左右的檸檬酸，再放二～三片薄荷葉，就是一道專治宿便的番茄飲料。薄荷葉會去除番茄或檸檬酸的氣味而方便飲用。每天早上喝一杯，持續約一星期，即可將身體內的宿便排除乾淨。便秘治癒後，肌膚會明顯出現透明感。

調整腹部機能的香草飲料

TOMATO
在番茄汁內添加二
分之一湯匙的檸檬
酸和薄荷葉
木瓜子
白酒1.8ℓ、木瓜子1kg
、冰糖30～40g混合
一起浸泡一年
檸檬百里香
利用檸檬百
里香泡茶

▼對下痢具有療效的木瓜子

據說蘋果泥可治下痢，這是因蘋果所含的蘋果酸、檸檬酸所造成的作用。其實木瓜子比蘋果更具有止瀉效果。落花後特別芳香的木瓜，含有多量的檸檬酸和蘋果酸。當木瓜在枝頭上時摘取浸泡在白酒內。依泡梅酒的要領，以白酒一·八公升浸泡木瓜一公斤、冰糖三〇～四〇公克，浸泡一年的時間。

最初的一年不能食用，從翌年開始在木瓜結果時，浸泡起來可應不時之需。

▼喝檸檬百里香茶治療脹氣

女性在他人面前放屁是件相當羞恥的事，因而多數人會強制忍耐。有時忍耐後廢氣會滯留體內難以排出，這對健康有不良影響。

體內蓄積廢氣感到痛苦時，喝一杯用檸檬百里香沖泡的茶，立即可以解除。在茶杯裡放生葉倒上熱開水飲用，即可促進腸的蠕動。

如果有人動盲腸手術而沒有排氣感到困擾，不妨替他送一杯檸檬百里香茶。

▼用山蘿蔔治療生理不順

身體情況欠佳或承受精神壓力時，因程度的強烈，有些女性會因而造成賀爾蒙失調。結果出現一個月來二次，甚至三次生理現象，或並非懷孕卻不來潮等生理不順，感到困擾不已。

對生理不順而感到煩惱的女性，建議您煎熬與香菜極為類似的山蘿蔔來飲用。山蘿蔔一杯加一公升的水煎熬。每天飲用，約一年的時間，即可恢復正常周期。

如果找不到山蘿蔔，可用檸檬百里香代用。

寒天、烈日

夏天的燠熱令人難以忍受，而冬天的寒冷叫人直打哆嗦——這是女性常見的狀況。患有畏冷症而苦惱的人，夜晚難以入睡，而體內感覺的寒意，甚至會造成思考力衰弱。

▼在寒天有意外效果的香水

冷澈心扉的寒天，自然會捲縮身子而在肩膀施力。

但是，香味會紓解肩膀的緊張。在身體內側或圍巾沾香水，走在戶外嗅著身上的香水，會鬆弛身體過於用勁而使寒意紓解。這時請選略帶沈重感的香水，而非輕爽的味道。

香水甚至可以說，是為了紓解冬天的寒意而使用的。

▼冷天裡熱烘烘的點心

接著介紹最適合冷天讓身體溫熱的點心。

材料是法國麵包、蘋果、奶油、小豆蔻、肉桂、砂糖、蜂蜜。（一片法國麵包用四分之一個蘋果）

寒天的熱烘烘點心

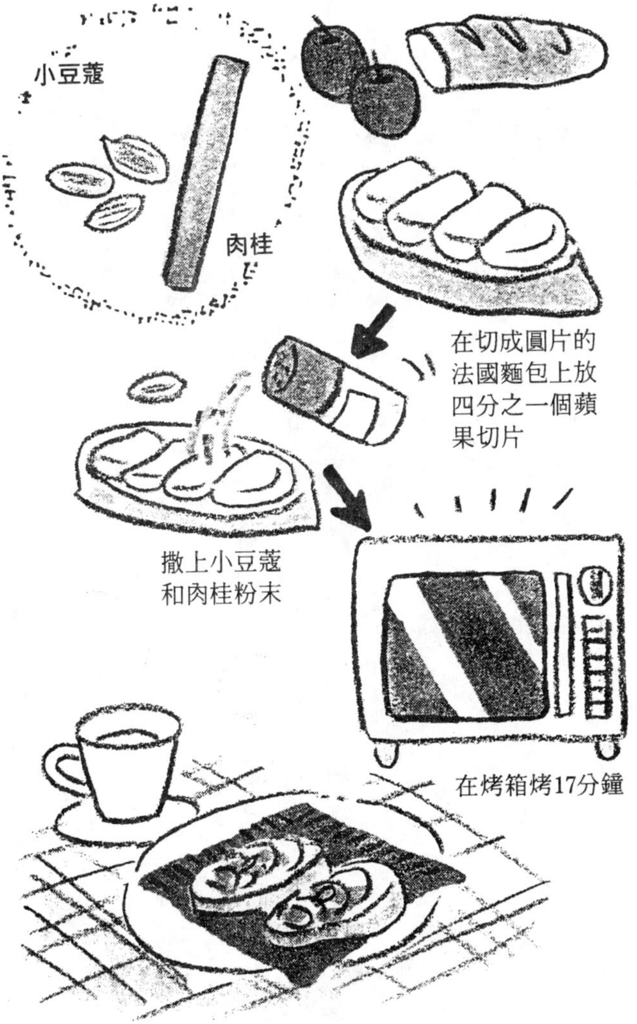
小豆蔻
肉桂
在切成圓片的
法國麵包上放
四分之一個蘋
果切片
撒上小豆蔻
和肉桂粉末
在烤箱烤17分鐘

將法國麵包切成圓片，上頭塗抹奶油。上方擺著切片的蘋果，放上一粒小豆蔻和肉桂粉末。然後再加一點奶油撒上砂糖。用烤箱烤約十七分鐘即完成。當然，用烤麵包機也無妨。沾上蜂蜜趁熱食用。

這道點心會令你全身溫熱，也適宜感冒時使用。

▼泡橘子澡可溫暖身體

自古以來就有各種泡澡的妙方，諸如菖蒲湯、柚湯等。而曬乾的蘋果皮放在浴缸內泡澡也是其中之一。利用橘子皮浸泡的洗澡水來泡澡，可使身體打從身子骨內產生溫熱。

但是，把橘子皮浮在洗澡水上，看起來並不雅觀，而且只留少許的香味。

只要動點手腳，即可使平凡無奇的橘子泡澡，變成精緻的沐浴劑。

將橘子皮曬乾後放進果汁機內攪拌成粉狀。然後放進紗布袋內，再放入洗澡水，這時洗澡水會染成鮮艷的橘子色，並散發甘甜的芳香。

在橘子收成的季節大量製作，並保存下來。一年內就可享受芳香而健康的橘子澡。

保存法最重要的是要斷絕濕氣，可裝在罐內或放進冷凍庫。

▼瑪鳩拉姆可治畏冷症

畏冷症是女性常見的症狀。

簡言之，乃是因血行不良所造成，若要促進血液循環，可飲用瑪鳩拉拇茶。瑪鳩拉姆是散發甘甜芳香味的香草，在十錦粥或調味料中經常使用。

依泡茶的要領，將生的瑪鳩拉姆放進茶壺，每天飲用即能產生效果。家裡沒有栽培瑪鳩拉姆的人，也可從香辛料賣場購得乾燥的瑪鳩拉姆。雖然味道比不上生的瑪鳩拉姆，然而較為芳香也容易入口。

▼利用薄荷消除暑氣

食慾乃是健康的指標。缺乏食慾多半是身體上出現某些異狀。反言之，如果越有食慾，則可熬過身體上的勉強勞動。

睡眠不足或疲勞，也可以利用營養補給給予充分的補足。

覺得恐怕熬不過夏天的酷熱時，利用薄荷的芳香可以帶來清涼感。

將薄荷擦在桌上也是方法之一，如果希望打從心底感到舒暢，則製作比一般茶較濃的薄荷汁，每天早上用礦泉水稀釋後食用。

也可加冰塊。它可抑止出汗，振奮心情。

如果藉此還無法消除暑熱，則請將薄荷葉直接擦拭在身上。塗抹後可立即紓解暑熱。

▼用捲曲薄荷取代紅蘿蔔

代表黃綠色蔬菜的紅蘿蔔，營養價値高，是兒童成長過程中不可缺少的蔬菜，然而似乎有不少的兒童，對其獨特的味道感到排斥。

在紅蘿蔔裡添加捲曲薄荷，可沖淡紅蘿蔔的味道。捲曲薄荷誠如其名，乃是花瓣呈捲曲狀的薄荷。這種薄荷的味道極具特色，然而和紅蘿蔔混合一起，會消除彼此的特殊味道而容易入口。

▼茴香可促進食慾

在百貨公司的超級市場，可看見「茴香」的白色菜根，似乎有不少人不懂其食用法。茴香對促進食慾極有幫助。

可沾鹽生食或拌白醋食用，消除其漢藥的味道。

如果和螃蟹一起食用，倍覺美味。

鬆弛

不論男女，有時會有難以用理性控制自己的感情，或因某個誘因表現衝動的行為。有時身體的疲憊，會刺激感情的表露。

目前，社會人們所渴望的，乃是神經的休息——鬆弛。

▼蘋果可治興奮熱

感冒時吃蘋果可退熱，而興奮所造成的發燒，也可利用蘋果解熱。因情緒激動而「勃然大怒」時，不妨咬個蘋果來吃。蘋果具有清淨血液的作用。

▼睡不著的夜晚飲玫瑰酒

因牽掛某事而無法成眠——這時建議您喝一杯玫瑰酒。

材料是生玫瑰的花瓣、白酒或燒酒、冰糖。製作法依梅酒的要領。（參考一五〇頁）

玫瑰香可平撫神經的高亢，誘導人進入舒適的夢境。

▼歐薄荷在旅遊地發揮的效果

外出旅行時，可能因緊張而使得神經高亢。隨身帶著具有鎮靜效果的歐薄荷油，在必要時幫助甚大。

尤其在飯店可充分活用其效果。飯店的浴室是單位式的設備，連接寢室其中只隔一片門。洗淨身體後在浴缸裡放洗澡水才滴歐薄荷油。再一次浸泡在浴缸內，而不要將洗澡水流掉。打開浴室的門，歐薄荷的芳香會擴散到房間，可防止飯店特有的乾燥。

藉此可以在旅遊地擁有舒適的房間。

血壓、其他

年輕而健康的人，似乎不在意自己的血壓高低，然而隨著年齡的增長，漸漸令人掛意血壓值的高低。

高血壓或低血壓都是身體不健康的證據，應儘早有因應的對策。

我們就利用自然之力來治癒疲勞、疾病吧。

▼用艾草葉治高血壓

據說患有高血壓症的人，最好飲用浸泡昆布根的水，而艾草葉也具有同樣的效果。

將艾草葉清洗乾淨，榨其汁飲用。艾草是一種野草，在各地都可獲得。

另外，撒一把大蒜的大蒜澡或歐薄荷澡，也能治療高血壓。大蒜食用時會有一股特殊的臭味，然而生大蒜放進浴缸內，並不會有太強烈的氣味。

▼碇草適合低血壓

碇草可讓患有低血壓的人，早晨過得舒適一些。

將乾燥的碇草泡茶飲用。

當然低血壓的治療必須到醫院受診，不過，碇草可幫助低血壓患者度過更清爽的早晨。

▼杉菜可消除眼睛疲勞

也許是長時間看細小的印刷體字，或連續坐在電腦前看電腦螢幕，而有越來越多的人，苦訴眼睛的疲勞。

這些人請利用加蜜蕾或杉菜消除眼睛疲勞。只要將它們包裹在紗布內拍打眼皮，即能感到舒適。

找不到加蜜蕾或杉菜時，可使用泡香草茶用的加密蕾茶包。浸泡在溫水內後，依同樣的要領拍打眼皮。

▼用薄荷牙膏去除宿醉

早上醒來，感覺身體上殘留著昨夜的酒氣，而口內也不清爽，這時乃是薄荷葉掛帥的時候。在薄荷葉上沾鹽巴，用整個葉片包住牙刷來刷牙。

口內會散佈薄荷的芳香，感到清爽。酒臭也立即消除。

覺得以往的牙膏稍感不足的人，不妨一試。

▼蒔蘿可治打嗝

因橫隔膜痙攣造成的打嗝，似乎跟體質有關。容易打嗝的人，不妨在家裡栽種「蒔蘿」的香草。

可將蒔蘿葉煎熬後飲用，而容易打嗝的人，最好將熬汁做成冰條冷凍起來。用電子爐解凍後立即可用。

▼脫肛可用甜紫羅蘭

據說脫肛比裂痔更難治療，且無特效藥。

露出表面的部分，堅固而具有彈性，即使想塞進肛門也會外露出來。治療的要點是減弱外露部分的彈力，而甜紫羅蘭葉就具有減弱彈力的功能。

把甜紫羅蘭葉包在外露部分，消除其彈力後，慢慢地壓進肛門。

然後外部貼上葉片，再用紗布包住用繃帶固定。一日更換數回，並持之以恆。

這乃是法國人的生活智慧。

3 皮膚粗糙、青春痘、黑斑、脫毛…獻給因而煩惱的您

洗臉

對女性而言，肌膚的細緻與否，是令人耿耿於懷的問題。肌膚會因身體狀況或賀爾蒙的均衡而改變狀態。以下介紹利用生活周遭的素材，保持光滑柔嫩肌膚的方法。

不過，我想有些人的肌膚，可能不適合這些天然素材的敷臉或洗臉，碰到這種情況請立即停止使用。

▼使肌膚細緻的蘋果敷臉

女性的肌膚是以二十八日的週期產生變化。排卵日的肌膚最細緻柔嫩，而接近生理時的毛細孔顯得粗大。這時希望您一試的是蘋果敷臉。

蘋果除了具有解熱、清淨血液的效果外，還具有細緻肌膚的作用。

帶給肌膚光滑柔嫩的蘋果敷臉和香菜乳液

蘋果磨成泥
敷臉

將香菜浸泡一晚後
用浸泡的水洗臉

將蘋果磨成泥，放進球狀器皿中。洗臉後浸泡在浴缸時，用蘋果按摩或拍打，再用水沖洗後，必可發現肌膚變得細緻柔嫩。

蘋果香也可解除生理前的憂鬱。

▼用馬鈴薯洗臉可使肌膚滑溜

這乃是自古相傳的生活智慧，也許有人早已身體力行了。

將剝皮後的馬鈴薯磨成泥後，會分泌帶有澱粉質的黏稠液。依洗臉的要領塗抹在肌膚上。如此放置二～三分鐘後，用水沖洗乾淨，肌膚已變得光滑細嫩了。

馬鈴薯磨成泥狀後立即變色，請務在使用前才予研磨。

▼預防肌膚乾裂的萼梨敷臉

萼梨不愧是「森林的奶油」，其所含的油分相當多。有效利用其油分，可預防皮膚乾裂。

方法非常簡單。將萼梨切成兩半取出中間的種子。洗臉後把萼梨搗碎塗抹在臉上，然後再用水洗淨。覺得搗碎麻煩時，也可在切半後直接擦拭肌膚。

目前已容易購得萼梨。利用萼梨敷臉，對肌膚會產生驚人效果。

▼用蜂蜜和黑砂糖敷臉可使肌膚產生光澤

以下介紹在沐浴時間，可輕易調製的天然素材敷臉的製作法。

將削碎的黑砂糖和蜂蜜，以六比四的比率放進鍋內，用慢火加熱。黑砂糖溶解後，迅速攪拌，待其冷卻再放進容器。

洗臉後將上述做成的敷臉液鋪在臉上。剛開始可能覺得黏膩，然而泡澡的過程中，會發覺敷臉液漸漸從敞開的毛細孔滲透而入，肌膚也漸漸變得光澤滑溜。

利用廚房裡的蜂蜜和黑砂糖，即可輕易護理肌膚，最好隨時放在浴室裡備用。

▼用香菜製作潤膚精

香菜除了可以消除體臭外，對美容也極具效果。

首先將香菜浸泡在裝水的洗面台內。浸泡一晚後，翌日洗完臉，用該香菜液清洗臉部，皮膚會變得柔嫩而容易上妝。因皮膚粗裂而煩惱的人務必一試。

▼蘋果醋可治肌膚的粗糙

以下介紹當肌膚變得粗糙，或手腳變得僵硬時，其簡便護理法。

將二分之一杯檸檬酸或一杯蘋果醋，倒進裝有洗臉水的洗面台內攪拌。洗完身體、臉之後，用該浸泡的水輕輕沖洗，即可去除黑斑、或皮膚粗糙。

▼歐薄荷香皂可潔淨青春痘、瘡疤

歐薄荷的效果非常多，如果臉上長青春痘，或因瘡疤而煩惱的人，不妨使用歐薄荷香皂。不過，歐薄荷香皂中也有使用人工香料者，最好在專賣店確認是否爲天然的歐薄荷香皂。天然與非天然的效果有別，而價格也不同。

每天用歐薄荷香皂洗臉，會判若兩人似的恢復光潔漂亮的肌膚。

青春痘非常嚴重時，在棉棒沾染歐薄荷精油，塗抹在青春痘的患部。

髮

頭髮每天都要梳理，正因為如此，如有異狀會令人慌張不已。

頭髮曝曬在陽光下、污染於塵埃之中，也常受外氣的侵擾。而且，如果洗髮精或潤髮乳選擇不當，或怠慢梳理，對頭髮的傷害日深。

▼受傷的頭髮使用迷迭香

因夏天的日曬或燙傷而受傷的頭髮，已失去光澤又難梳理，在吹風整髮上極傷腦筋。這時可利用迷迭香恢復受傷頭髮的光澤。

在無香料的嬰兒油內，滴一滴攜帶用的迷迭香精油（如果是大瓶則滴二～三滴）。進入浴室後立即將上述的精油塗抹在整個頭髮上。做頭髮的油敷。當臉和身體洗淨後按摩頭皮再洗頭，即可使受傷的頭髮恢復原狀。

▼山艾可預防脫毛

如果覺得頭髮變得稀薄時，應趕緊尋找對策。

使用生或乾燥的山艾都無妨。根據葉片數量倒進滿滿的水，在鍋內煎熬。洗髮、潤絲完畢後，用熬汁塗在整個頭髮上，以最不放心的部位為中心仔細按摩。

▼禿毛症用核桃和橄欖油

頭髮漸漸稀薄時，可用山艾處理，如果是因精神壓力造成局部脫毛時，光靠山艾並無法捕救。這時派上用場的是核桃和橄欖油。

將核桃果搗碎，和食用的橄欖油攪拌和在一起。將它塗抹在禿毛的部位並稍做拍打。雖然無法立即出現效果，但頭髮會逐漸再生。

核桃和橄欖油的芳香非常調和，而其香味也不強烈。同時含最適合頭皮的營養分，在睡前務必塗抹。

化妝水

黑斑、雀班乃是女性的大敵。相信有不少人為如何預防而傷透腦筋吧。對肌膚溫和，且能使肌膚美麗的化妝水，可輕易地製作。

▼使肌膚細嫩的化妝水

使肌膚細緻又能治療黑斑、雀班的，乃是利用加蜜蕾和蕺菜調製的化妝水。塗抹的翌日即可清楚感覺肌膚產生透明感。

〈材料〉

- 蕺菜（乾燥）　40公克
- 加蜜蕾花（生）　10公克（一杯）
- 二十五度的酒　350～550cc
- 甘油　50cc

把蕺菜和加蜜蕾的花，滿滿塞進瓶內，倒進酒浸泡約一個月。當抽出花精而酒精也調和之後，用濾紙篩過，再用甘油攪拌即成。

如果找不到加蜜蕾的花，可用蕺菜葉製成，最後滴上一～二滴加蜜蕾的香料，也可獲得同樣的效果。

用這個化妝水敷臉，即使沒有粉底也能使化妝品上妝。保存在冷藏庫內，必要時使用。

▼去除黑斑的繁縷

蕺菜可去除黑斑，如果找不到蕺菜或對蕺菜的味道排斥的人，可用繁縷代替。

繁縷是到處可見的雜草，摘取回家煎熬後，保存在冷藏庫，洗臉後使用。

在裝有溫水的洗面台上，放進繁縷的熬汁和一～二滴日本酒（亦可用酒精成分相同的其他酒），然後沖洗臉部。每天持之以恆，慢慢會發現黑斑已逐漸淡薄了。

▼化妝的最後用玫瑰水

將玫瑰花蒸餾後，可分出水分和油分。油分乃是玫瑰花精油，亦即做香料的原料，而水分則是市面上出售的玫瑰水（一瓶五〇cc，約日幣一五〇〇圓）。

玫瑰具有保濕作用，化妝後噴灑玫瑰水，可使肌膚細嫩去除粗糙感。最好裝在香水用噴霧器內，隨身攜帶以便外出時噴灑。

在家庭裡可以製成這種玫瑰水。把玫瑰的生花瓣放進鍋內倒滿水，用熱水加熱至接近沸

加蜜蕾和蕺菜的美膚化妝水

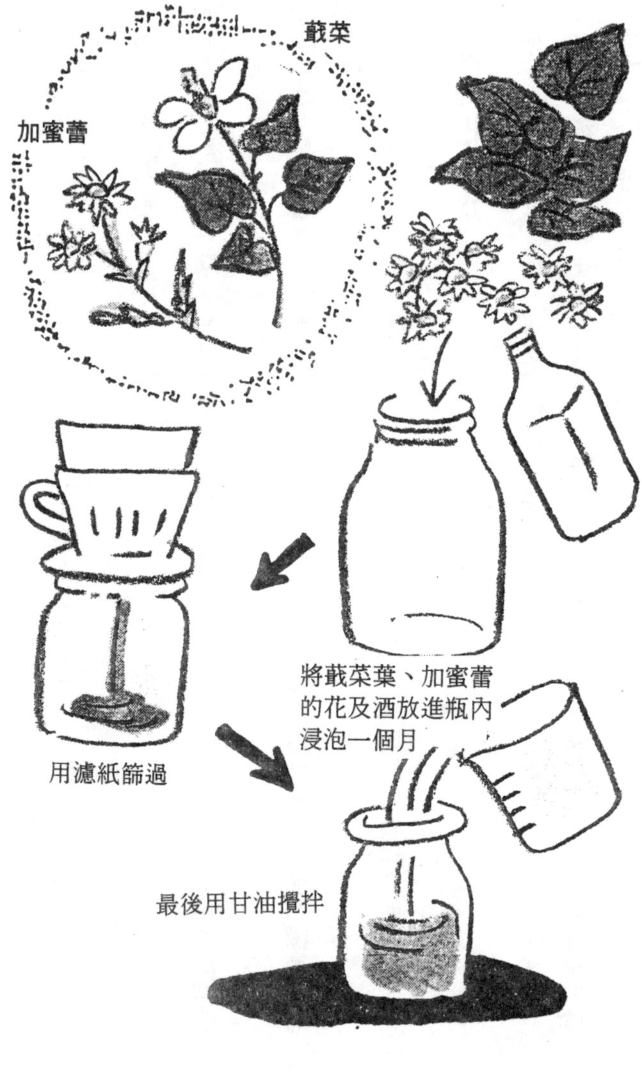
蕺菜
加蜜蕾
將蕺菜葉、加蜜蕾
的花及酒放進瓶內
浸泡一個月
用濾紙篩過
最後用甘油攪拌

騰而熄火，立即蓋上鍋，以避免香味散溢，如此浸泡一晚。翌日用紗布或濾紙篩淨，放在冷藏庫內冷卻。

玫瑰水不僅可使用在定妝上，也可放在浴缸內享受玫瑰花澡的芳香。

▼玫瑰化妝水的製作法

玫瑰除了有保濕效果，還有美白功能。在肌膚易乾燥的季節，可以使用玫瑰精油調製的化妝水來保護肌膚。

製作法是首先將裝礦泉水的瓶子內減去一成的容量。在所減去的分量上添加蒸餾酒，然後滴一滴玫瑰精油。

這就是使肌膚變白，又具有保濕效果的玫瑰化妝水。在冬天有助於肌膚保養的化妝水。

▼迷迭香的化妝水

冬天適合使用玫瑰化妝水，而夏天則以迷迭香的化妝水為適宜。

將礦泉水和蒸餾酒以九比一的比率混合後，放進生的迷迭香樹枝浸泡起來。放在冷藏庫內冷卻一個晚上後，就可當成化妝水使用。

夏天因流汗而毛細孔敞開時，迷迭香化妝水具有收斂效果，可作為收斂肌膚使用。用棉花沾染後拍打肌膚。

▼歐薄荷的化妝水

用歐薄荷取代迷迭香，依同樣的方法浸泡生的歐薄荷樹枝後，就是一瓶歐薄荷化妝水。

因青春痘或瘡皰損害肌膚的人，利用歐薄荷化妝水可抑制發炎。

▼親手調製的晚霜最好

寒冷的冬天，必須給肌膚補給營養。以下是調製晚霜的方法：

〈材料〉

・羊毛脂　晚霜容器一杯分

・維他命E　三～四錠

・加蜜蕾的香料　一～二滴

羊毛脂是從羊毛攝取的油脂，具有最接近人體皮膚的成分。在藥局可購得羊毛脂及維他命E。

用針刺穿維他命E的藥錠，將其中的顆粒和羊毛脂混合一起。然後將加蜜蕾的油滴在上頭，用水煎熬後即變成黏稠狀。將其裝進容器內冷卻，經過三十分鐘即凝固。

用這個方法可以親手調製原價約日幣一〇〇〇圓的良質晚霜。

塗抹的瞬間感覺有些黏膩，經過十分鐘後，會滲透到肌膚內變得輕爽，數天後必定會產生效果。

▼美化肌膚的另一個方法

將歐美人的固定早餐、燕麥片粥和加蜜蕾的花，用紗布包住輕輕擦拭肌膚。古老的角質會漸漸的退卻。

肌膚脆弱的人，也可安心使用。

▼用薄荷消除足部浮腫

一整天站立工作後的夜晚，足部會嚴重的浮腫。由於足部沒有休息，造成多餘的水分滯留，即使躺臥休息，也仍然殘存倦怠而難以入睡。

這時，建議您將三十～四十片薄荷葉放在洗澡水內。如果沒有足以放進浴缸裡的薄荷葉，則浸泡腳部。

將薄荷葉儘量放在臉盆內，倒進溫水將腳浸泡其中。浸泡後會消除浮腫變得輕爽。

第三章

時髦高手、料理通也嘆為觀止

▼穿著打扮、食物、飲料

一級品的香味效果

——「抽屜放香皂」對此胡亂解釋會造成反效果……等49項——

1 茶、酒、料理利用身邊的香草煥然一新

茶

綠茶、紅茶、咖啡等因個人的嗜好而有不同，您不妨在平日飲用的茶裡動點巧思吧。使用香草的茶，不僅味美，芳香對身心健康也有助益。

▼青紫蘇和櫻花的純和式茶

把做為泡櫻花澡用的櫻花鹽漬，用水洗淨去除鹽分。將切碎的青紫蘇一起放進茶杯內，再倒進綠茶。

和式香味的三重奏——這乃是純日本式的香草茶。

風味口感都是純日本式，年長者必會喜歡的茶點。讓各位品嘗一下富有新鮮風味的茶點吧。

青紫蘇和櫻花製成的日本式香草茶

切成絲的
青紫蘇
除去鹽分
的櫻花澡
用的櫻花
放進茶杯
倒進綠茶就
是一杯道地
的日本式香
草茶

▼加蜜蕾茶用奇數

加蜜蕾所沖泡的茶，最好使用生花較為美味可口。

而加蜜蕾花要用三朵、五朵、七朵……等奇數。如此既不會產生苦味，又有濃郁的芳香。

製作法是將奇數的花朵，依茶杯的大小放進熱水瓶內，倒進熱開水燙熱二～三分鐘。

如果是小咖啡杯，則用三朵或五朵，茶杯則用五朵或七朵。這是一杯散發類似蘋果香的美茶。

▼夏天的早晨喝薄荷茶最清爽

早上的餐桌上來一杯薄荷茶——其清爽的芳香，可以為當天的活動提神振氣。

把五～六片靠近新芽部份的薄荷葉放進茶杯內，倒進熱水讓其燙熱四～五分鐘。

如果加冰塊飲用，則放進較多的葉片，做成濃度高的薄荷茶，冷卻之後，再放冰塊使其稀釋。味美清香的薄荷茶，是夏天至高無上的享受。

▼利用百里香茶去除腹腔的鬱悶

腹脹、廢氣難以排除時，會顯得心浮氣躁，這乃是女性常見的症狀。這時，利用百里香茶，解除腹腔的鬱悶及心情的焦躁。

將一根百里香的小葉枝放進熱水瓶內，倒進熱開水燙熱四～五分鐘即完成。

百里香有各種種類，泡茶喝時以檸檬百里香最易入口。

▼建議考生喝迷迭香茶

迷迭香具有緩和神經性頭痛及預防老化的效果。又能提高記憶力，對考生最為適宜。

沖泡法和其它香草茶的要領相同，如果覺得難以入口，則添加浸泡在砂糖內的迷迭香花，極易飲用。

▼檸檬草茶當點心

檸檬草誠如其名，是散發檸檬芳香的清爽香草。

準備二〇～三〇公分左右的檸檬草，切成適當的長度。放進熱水瓶內，倒進熱水蒸四～五分鐘，即可沖泡帶有淺草色的漂亮茶點。

檸檬草具有幫助消化的功能，建議您和點心一起飲用。

▼具解熱效果的檸檬巴姆茶

檸檬巴姆也是散發檸檬芳香的香草。和薄荷茶一樣，將葉片放進熱水瓶內，倒進熱水燙熱四～五分鐘。

炎熱的夏天，檸檬的芳香會帶來清涼。冷熱兩相宜。

而檸檬巴姆具有解熱效果，感冒時添加蜂蜜趁熱飲用。

▼用小豆蔻泡一杯阿拉伯風味的茶

將風味特別突出的小豆蔻，放進咖啡或紅茶內，可使味道更為獨特而享受其芳香。

從花鞘取出的小豆蔻種子，放進鍋內加水後使其沸騰。利用沸騰的水，依平常的要領泡咖啡、紅茶。比例是一顆小豆蔻兩茶杯的分量。

據說在阿拉伯，根據接待訪客時所端出的小豆蔻數，代表主人款待的誠意。

我們並沒有這樣的習慣，可用適量增添美味。

▲無咖啡因的蒲公英咖啡

將蒲公英的根挖起，去其泥土切成細絲後洗淨。浸泡水內一個晚上後，使其乾燥。

早點添加香草茶

薄荷
摘取接近新芽的薄荷葉放進熱水瓶
倒進熱水燙熱四～五分鐘

good morning!

檸檬草、檸檬巴姆、百里香、迷迭香，加蜜蕾的花等依同樣的要領可沖泡香草茶而樂在其中。

將它放進炒鍋內，用中火煎熬約二十分，再添加咖啡精。以泡咖啡的要領沖泡。這是一杯沒有咖啡因的健康咖啡。如果將其中半量，用咖啡來沖泡更易入口。也可利用菊苣代替蒲公英，也是一道美味的咖啡。

▼獨創的香草茶

親手調製獨創的茶點，可在平常喝習慣的紅茶裡，添加一點香味，只要把喜歡的乾燥香草和紅茶葉混合一起就行了。

玫瑰花瓣、歐薄荷、柳橙皮和丁香一粒，利用自己喜愛的香草親自調製。泡茶用的香草以新芽最適宜，如果能種植在庭院裡，再使其乾燥，則方便使用。

▼歐薄荷的時髦雞尾酒

首先以泡紅茶的要領製作一杯較濃的歐薄荷茶。將歐薄荷花瓣外萼放進熱水瓶內，倒進熱開水，即可沖泡紫色的茶。將用水稀釋的乳酸飲料倒進二分之一的玻璃杯內，再放冰塊。然後慢慢地倒進歐薄荷茶，就是一杯下半部呈白色而上半部呈紫色的時髦雞尾酒。

款待客人時可用自己調製的歐薄荷雞尾酒。這可以直接款待訪客。若將其攪拌，則是呈淡紫色，顯得極為高雅的成人用雞尾酒。

調製具鎮靜作用的歐薄荷雞尾酒

歐薄荷
依泡紅茶的要領做一杯較濃的歐薄荷茶。
用水稀釋乳酸飲料倒進二分之一的玻璃杯內再放冰塊。
冰塊上徐緩倒進歐薄荷茶

酒

酒是所謂「百藥之長」，如果利用身邊的花朵或香料，即可親手調製有益身體又時髦的酒。

利用四季的花朵來調酒，亦可增添季節感。

▼添加山艾的日本酒適合晚酌

以下介紹日本酒的另一種時髦飲法。

首先準備稍帶甜味的日本酒，和新鮮的生山艾。在冰涼後的日本酒內，放一片山艾葉，就可在飲用時享受兩種芳香。

山艾可幫助消化，具有紓解胃痛的效果，每晚一定淺酌一杯的人，務必飲用。

▼梅酒和薄荷食前酒可預防夏天的暑熱

將生的薄荷葉浸泡於所調製的梅酒內，就是清爽芳香的食前酒。如果已有梅酒，則可將薄荷葉添加其上。

預防夏天的暑熱並增進食慾，可利用梅酒和薄荷發揮雙重效果。容易入口又具芳香，是全家人都可享受的食前酒。

▼散發春天芳香的櫻花酒

利用櫻花花瓣來調製散佈春天芳香的酒。取得櫻花花瓣的期間非常短，如果錯失良機，必須再等候一年。

材料是櫻花花瓣、燒酒、冰糖。浸泡法和梅酒一樣。放進密閉瓶罐內保存一年。在翌年的櫻花季節，務必將其擺在宴客桌上。

▼鎮靜神經的玫瑰酒

將火紅的玫瑰花瓣滿滿地塞進酒瓶內，倒進紅酒放置一星期後，就是充滿著濃郁玫瑰花香的紅玫瑰酒。口腔內遍佈玫瑰花香，令人沈溺於高貴的氣氛中。為了避免芳香散逸，必須用活木塞緊緊塞住，以利保存。

玫瑰酒的另一種製作法。

- 三十五度的酒　一・八公升
- 冰糖　一〇〇公克

・玫瑰花瓣　二〇〇～二五〇公克

以上的材料放進密閉容器內，即可享受濃郁玫瑰香的玫瑰酒。

▼散發秋天芳香的銀木犀酒

既然調製了帶有春天芳香的櫻花酒，不妨也挑戰一下散佈秋天芳香的銀木犀酒。

製作法和櫻花酒相同。將花瓣、酒、冰糖放進密閉容器內，浸泡一年。

在浸泡後的花瓣上撒一點砂糖，就是一道時髦的砂糖點心。也可當做冰淇淋上的點綴。

▼失眠症喝紫羅酒

紫羅蘭的芳香，具有鎮靜神經的效果。晚酌用的紫羅蘭酒，最適合因失眠症而困擾的人。

把甜紫羅蘭的花瓣，滿滿地塞進酒瓶內，倒進紅酒，用溶解的蠟封住開口。如此放置一年，就是顏色鮮艷美麗的紫羅蘭酒。

▼洋子風味的柳橙酒

以下介紹利用柳橙和香草所調製的時髦酒。

利用花酒享受季節芳香

櫻花花瓣、冰糖
、酒放進瓶內浸
泡一年

將紅酒和火紅的
玫瑰花瓣塞滿在
酒瓶內放置一星
期就是時髦的紅
玫瑰酒

將紅酒、白酒、砂糖，以七比二比一的比例混合一起。將三～四個柳橙，切成適當的大小浸泡其中。如此放置三星期後，再添加化妝水薄荷浸泡四～五個鐘頭，以轉移風味。

接著用紙濾過，就是筆者親手調製的柳橙酒。化妝水薄荷是香味極強的香草，量與浸泡時間必須控制得宜。

▼迷迭香酒適合魚料理

在辛辣的白酒中，放一～二根迷迭香的小枝幹，放置一個星期左右，就是芳香濃郁的調味酒。

迷迭香和酒的芳香非常調和，尤能凸顯魚貝料理的味道。

▼散佈夏天芳香的波莉姬白酒

波莉姬香草，據說具有適當地冷卻酒精的效果。

在倒入白酒的酒杯內，放一片波莉姬的花瓣。如果使用波莉姬的花莖，會飄散類似小黃瓜的夏天芳香。

利用使身心健康的波莉姬調酒，以增添一份飲酒的樂趣。

糕點

在女性們最喜歡的糕點上，用香草或花朵增添色彩，倍增招待訪客的情趣。各位不妨試試親手調製，使餐桌增添花卉景觀的糕點。

▼款待用的玫瑰砂糖甜點

將玫瑰花瓣洗淨，輕巧的去其水氣，使其完全乾燥後，在每一片花瓣的表面上塗上蛋白。

上頭撒上砂糖，再使其乾燥，就是外觀極為美麗的玫瑰砂糖甜點。

當做禮物使用時，在透明的盒子裡舖上呈螺絲狀的紙張，將一片片玫瑰砂糖甜點排成玫瑰花的形狀。

親手調製而具高貴格調的玫瑰砂糖甜點禮物，必受對方的讚賞。

▼薄荷砂糖甜點可做夏天的點心

利用薄荷親手調製最適合夏天清爽風味的甜點。

首先將薄荷葉用水洗淨，輕巧的去除水分，避免傷害到葉片。葉片表面塗上蛋白，再撒上砂糖待其乾燥。這就是薄荷砂糖甜點。必須放在冷藏庫內保存。放在冰淇淋上面，更爲時髦。

▼利用歐薄荷製造香糖

摘取歐薄荷的花和砂糖攪拌，一起放進砂糖罐內。罐內因歐薄荷的芳香而成爲歐薄荷香糖。

放進紅茶裡，風味更為可口。

迷迭香的花，也可依同樣的方法製作香糖。

▼具夏天氣息的玫瑰果凍

接著，我們來製作將小片的玫瑰花團團包住的可愛果凍。

〈材料〉（六個份）

A・粉膠　一大匙

・水　50 cc

B・砂糖　50公克

・檸檬　½個（磨成泥狀）
・水　290cc
・檸檬的搾汁　½個
・白酒　90cc
・小玫瑰　6朵
・玫瑰水　2大匙

〈製作法〉

①用水沖泡A的粉膠。
②B的材料用火加熱，等砂糖溶解之後，再熄火。
③趁②未退熱時，添加①。
④在③內添加檸檬汁和白酒。
⑤用水沾濕果凍模型的內側，將④放進模型內至半量。稍微凝定後，將小玫瑰顚倒著固定起來。
⑥將剩餘的果凍，倒進⑤放進冷藏庫內，使其凝固。
⑦凝固之後從模型取出，然後在杯子上澆一小匙的玫瑰水。

使用薄荷或歐薄荷的花朵，也能製作夏天風味的果凍。

▼使人體驗高貴氣氛的玫瑰醬

製作玫瑰醬時，使用粉紅色的玫瑰。黃色玫瑰具有苦味，而紅玫瑰顏色過強，兩者都不適合製作果醬。

〈材料〉

・玫瑰花瓣（粉紅）　兩杯（塞得滿滿）

A・砂糖　1大匙

・檸檬榨汁　1個

B・砂糖　2杯

・水　1杯

C・檸檬榨汁　½個

〈製作法〉

①花瓣的白色根部具有苦味，先一片片去除乾淨。

②將花瓣、A放進圓球杯內，用指頭均勻搓揉混合。

③將B放進鍋內煮沸後，放進②，用慢火加熱十分鐘。

④將鍋子拿下添加C的檸檬汁，浸泡半日。

⑤翌日再將④加熱燉煮三十分鐘即完成。

塗在吐司上來吃，顯得高貴典雅，也可使用於小麥餅或紅茶。

▼宴客用的玫瑰比薩

在午茶時間，烤一個顯得時髦的玫瑰比薩餅。

將乳酪放在玫瑰比薩餅上，用烤箱烤。稍微冷卻後，用玫瑰花裝飾。中心放一朵玫瑰，其外圍用一片片花瓣併排成一朵大玫瑰。

這份玫瑰比薩餅，必獲得訪客的讚賞。

▼對健康有益的香草比薩

和玫瑰比薩同樣的製作方法。上頭的裝飾品以紫蘇、歐洲芥為適宜。把它們滿滿的排在整個比薩餅的表面。

隨著比薩的加熱，自然的散發香草香。

鮮艷翠綠的香草和乳酪非常調合。這是口感極佳又容易入口的比薩餅。

添加健康香草的比薩，是早餐的最佳良伴。

▼添加香草的什錦水果

什錦水果是使宴會桌顯得更華麗的點心。

把時節水果切成適當大小，放進什錦水果圓盤內，加入同量的百分之百的柳橙和葡萄汁，使顏色鮮艷的什錦水果，更添加芳香與美色。

鳳梨薄荷、蘋果薄荷等，是為什錦水果增添風味的主要香草。

▼夏天用香草冰條款待訪客

任何香草都可放進冰水內，最好選擇與飲料的匹配性佳的香草。

首先將水放一半進入製冰盤內，再放上生香草。讓它結凍後再加水，然後放進冷凍庫內。如此一來，香草的花會落於正中央，從外觀看來顯得特別清涼。

冰塊如果不晶瑩剔透而顯得混濁，會失去其原有的美麗，因而應使用沸騰後的開水，然後在製冰器的下方放竹筷使其結凍。結凍後就是晶瑩剔透的冰棒。

▼檸檬草最適宜搭配烤魚

除了糕點之外，在每日的料理上也可利用香草增添風味。秋刀魚和檸檬香最搭配。在剛烤熟的秋刀魚上，滴上檸檬榨汁，倍覺美味可口。

另外，若要吃得更為爽口，將檸檬草葉包住秋刀魚的魚身一起燒烤。這不但可以使檸檬的風味與秋刀魚更加入味，而且室內散佈著檸檬香，不再有烤魚的焦味。

不僅是秋刀魚，其他的魚類和檸檬草都非常搭配。

調味料

▼香草醋的製作法

香草醋可以使料理更添美味，其應用範圍非常廣泛。製作極為簡單，浸泡的期間又短，請務必親手調製，以備所需。

〈材料〉

・酒醋　一瓶
・迷迭香的小枝　三枝（十公分左右）
・甜胡椒　約三十個
・紅辣椒　三～五條
・小黃瓜　兩條（或可尼香）
・小洋蔥　三個

將一瓶的酒醋減去少量，各種材料塞進酒瓶內浸泡。放置陰涼處約兩個星期，就可製成香草醋。

也可以浸泡歐薄荷、塔拉根（tarnagon）、百里香、山艾、瑪鳩拉姆、紫蘇等香草。

▼利用酒醋做調味醬

利用酒醋親手調製調味醬。

〈材料〉

- 白醋　50公克
- 蕃茄醬　25公克
- 香草醋　5 cc
- 調味料　少許
- 橄欖油　10 cc

只將以上的材料攪拌一起，就是香草調味醬。

▼香草泡菜

利用香草醋浸泡時節的青菜，即是味道爽口的泡菜。

用醬油稀釋香草醋浸泡青菜。對於強烈的酸味感到排斥的人，可將香草醋減半，再添加冷卻的高湯。

根據所浸泡的材料，再添加香草更為可口。

- 浸泡小黃瓜……波莉姬（小黃瓜的芳香）。
- 浸泡蘿蔔……歐洲芥（芝麻的味道）。
- 浸泡茄子……（辣味）。
- 浸泡紅蘿蔔……（除臭）。

香草可凸顯青菜的風味，必須搭配得宜。當然，香草也可以進食。浸泡二～三個鐘頭後，就是美味可口的泡菜，沒有添加任何鹽分，可安心食用，彷彿吃青菜沙拉一樣的感覺。

▼利用蔊菜（horse radish）和豆腐渣做泡菜

做泡菜必須每天攪拌糠味噌，而放在冷藏庫內又會使味道擴散到其它物品上，這些手續令人覺得麻煩，卻想吃泡菜——為了克服以上的煩惱，我們試著用豆腐渣來製作糠味噌。將蔊菜的葉片磨成泥狀，和豆腐渣混合一起，就是浸泡泡菜的糠味噌。將陰乾一～二日的白菜浸泡其中，就可吃到美味可口的泡白菜。

豆腐渣和真正的米糠不同，其味道不會擴散在冷藏庫裡。不過，這種作法僅限於寒冷的季節。夏天味道會流失，無法做成泡菜。

利用香草醋做時髦的調味醬

白醋50g、番茄醬25g、香精醋5cc
、調味料少許、橄欖油10cc混合
一起就是香草調味醬
香草醋
波莉姬
添加香草使得泡
菜更為美味可口
蔊菜

▼在料理上添加香草奶油

油分具有吸取香味的功能。利用這個原理把香草香浸泡在奶油裡。將生山艾切絲混雜在奶油裡，沾著吐司來吃，倍覺可口。添加切絲的山蘿蔔的奶油，最適合鐵板燒的佐料。魚料理請使用添加茴香或塔拉根的奶油。

利用室溫使奶油軟化後，攪拌自己喜歡的香草。做成適當大小的奶油球，放在冷藏庫內保存，做料理時可隨時取用。

▼玫瑰奶油是時髦的下酒菜

利用玫瑰花瓣做成的時髦奶油，會增添餐桌的華麗。首先將玫瑰花瓣用水清洗乾淨，再完全去其水氣。將奶油切成七～八公釐的切片，和玫瑰花瓣夾疊在一起。用保鮮膜包住放在冷藏庫內凝固。切成自己喜愛的形狀，是非常時髦的裝飾。放在冰塊上變成可口的下酒菜，也可點綴在熱蛋糕上。

▼做為湯料、炒菜用的香草鹽

當種植在庭院或陽台的香草大豐收時，不妨製作一年分的香草鹽。做法非常簡單。把香草全部曬乾，再混合食鹽即成。

做湯或炒菜時可方便使用。在任何料理上都可增添香草的風味，可配合用途來使用。

2 製作簡單的室內香、時髦裝飾品、用香水提高格調

香水

到底有多少女性能善用香水呢?其實根據使用香水的量及噴灑的部位,可能會令人感到不快而失去原本的芳香。

為了避免用法不當,在此,我們重新來反省香水的使用法。

▼與人會晤之前忌灑香水

沾香水經過二十~三十分鐘後,才會散發最芳香味道。沾香水後立即與人會晤,香水內的酒精臭特別刺鼻,令人感到不快。

不要在與人會晤之前匆忙噴香水。至少要在二十~三十分鐘前。

▼在耳垂沾香水是大錯特錯

似乎有許多人在耳垂沾香水，其實，耳垂的體溫低，幾乎難以達到效果。香水會因加熱而擴散，因而在身體的脈動處最具效果。

而且，香水具有由下往上擴散的性質，最適宜的部位是腳踝或膝蓋內側、裙襬。

▼適量的香水是令人稍感不足的程度

有些人為了讓對方瞭解自己使用高級香水而多量塗抹，這也是錯誤的做法。香水比自己所嗅覺的程度更迅速地傳達給外人，因而令自己稍感不足的分量最為恰當。

如果自己覺得已擦了香水，在他人的嗅覺裡就太過濃烈了。

▼在上午選香水乃是秘訣

選購香水，應該在神經最清楚的上午。而且空腹時，香水內的酒精味會令人感到不舒服，這時應避免做選擇。

相反的，飽腹時會使腦筋機能變得遲鈍，也應避免。所以腹腔略有殘留食物的上午最適宜。

▼固定選購香水的日子

排卵日和生理日最不適宜選擇香水。

正值排卵日的女性，嗅覺會變得靈敏，連平日分辨不出的動物臭也倍覺敏感，因此，難以瞭解香水原本的芳香。

生理中也要避免。因爲生理中嗅覺會變得遲鈍，難以分辨芳香。

如果想要找到適合自己的香水，應避免在排卵日、生理日選購。

▼試香水時以兩種類為限度

選購香水而試香水時，以兩種類為限度。沾在手腕上而能做判斷的只有兩種類。若要再分辨更多的味道，實屬艱難。

同時，應該在沾染二十～三十分鐘後，才選購所要的香水。

二十～三十分鐘後，令妳滿意的香水一定錯不了。千萬不要將鼻子靠近香水瓶做選擇。

小物品

從某處隱隱約約傳來芳香——能顧慮到這一點的人太了不起了。從接獲的信件或名片，嗅到一股芳香，對接受者而言，印象特別深刻。

▼「抽屜裡放香皂」若草率行之反而會產生反效果

享受芳香時髦感的人越來越多，多數女性也顧慮到所穿著的內衣褲，儘量保持芳香。多數女性會在收藏內衣褲的抽屜放置芳香的香皂。其實香皂乃是由動物油所製造，本身具有動物臭。為了消除其味道而添加各種的芳香劑，這個芳香會隨著時間日漸淡薄。放置長久後，只剩下動物的臭味。似乎有人把一塊香皂放置一年以上，這不但無法產生任何效果，反而會使內衣褲沾染動物臭。

「洗完澡的女性會散發香味」，這是因皂香裡所添加的香料，隨著體溫散發而出。

與其利用香皂讓芳香擴散到內衣褲，不如使用芳香的紙墊，或將沾染香料的棉花放在抽屜內更具效果。另外，也可做成香包置於角落，或將用畢而殘留幾滴的香水，和少許的酒精混合後放在角落。

▼在信箋盒內動點芳香功夫

香無法看得見，因而令人產生許多遐想。如果所接獲的信件傳來一陣芳香，令人印象特別深刻。這比美辭華句更具效果。

在放置信紙、信封的箱內，把沾有自己喜好的香味的棉花放在裡頭。也可利用室內香。如果在墨汁內滴上同樣的香料，更能使對方聞香心動。只要滴一滴和信箋內相同的香料在墨汁內即可。

如果選擇歐薄荷的芳香，而渴望更加強印象時，可在淡紫色的信紙上，添加一片歐薄荷的壓花。若選擇玫瑰，則利用淡桃色的信箋，藉此可膨脹自己給人的印象。

因看不見對方而用書信往返，也正因為如此渴望令對方留下美好的印象。

▼利用芳香名片提高品味

和信箋筒一樣，名片盒內也可以放置沾染自己喜好香料的棉花。

在名片上殘留芳香，可令對方產生強烈印象，這在商場界的人際關係中助益極大。商業社會中人際往來頻繁，若沒有特別引人注意的地方，極可能在謀面之後即被忘卻。

利用芳香的傳播，使人留下的印象，既強烈又鮮明。

利用芳香的時髦小物品提高格調

室內香

蔬菜、水果、香辛料……各位讀者們應該已經瞭解，可以利用各種身邊之物，增添生活周遭環境的芳香了。

但是，也許有不少人對於「室內香」有摸不著邊的感覺。其實，我們可以利用身邊的素材，輕易地製作室內香，並給予活用在各個場合裡。

▼利用身邊素材製造室內香

如前所述，室內香並不是特殊的東西。使用高貴的花料、幾公克的香料……並非用特殊製作法做成的，才叫室內香。廚房裡的蔬菜或水果皮乾燥之後，就是室內香的材料。如果將山野裡的花、樹葉、樹果等巧妙組合，就可將自然的芳香帶進屋內，成為了不起的室內香。

希望各位養成找到身邊發香的材料後，立即給予乾燥的習慣。先體驗利用身邊的素材，享受室內香的樂趣，再真正向製作室內香挑戰吧。

▼香包的效果

從模樣可愛的香包袋裡散發清淡的芳香——只要在皮包裡放置香包就能使人心曠神怡。如果在市面上找不到自己喜歡的香味的香包，不妨利用室內香親手製作香包。

室內香的元祖，是乾燥的玫瑰花瓣混合丁香而成。這些材料可輕易入手，只要將它們裝塡在格調高雅的袋子內，就是一個正統的香包了。

室內香的材料無限。根據組合，有數不盡的香味可利用。請利用身邊的香辛料或香草的特徵，親手製作自己獨特的香味吧。而製作香包乃是其第一步。

▼更高一級的歐薄荷片

自宅有栽種歐薄荷的人，常會製作歐薄荷片做為芳香的點綴，歐薄荷片必須使用奇數的花，譬如七朵、九朵、十一朵……。將上頭攏齊再固定，這時多半會使用紫色的緞帶花。淡紫色的歐薄荷和紫色的緞帶花——看起來的確調和，不過調和的時間極為短暫。因為，歐薄荷會日漸褪色，而緞帶花仍然維持原有鮮艷的紫色而造成違和感。而且，布質的緞帶會斷絕歐薄荷原有的芳香。

因此，筆者建議您利用檸檬草葉代替緞帶來使用。不但香味調和，且日子一久會以同樣的速度逐漸乾燥。在乾燥過程的顏色極為搭配，顯得更為美觀。

如果渴望歐薄荷變成乾香草，建議您不要用緞帶花，而使用檸檬草製成的歐薄荷花束。

手製香料植物的香包（袋）

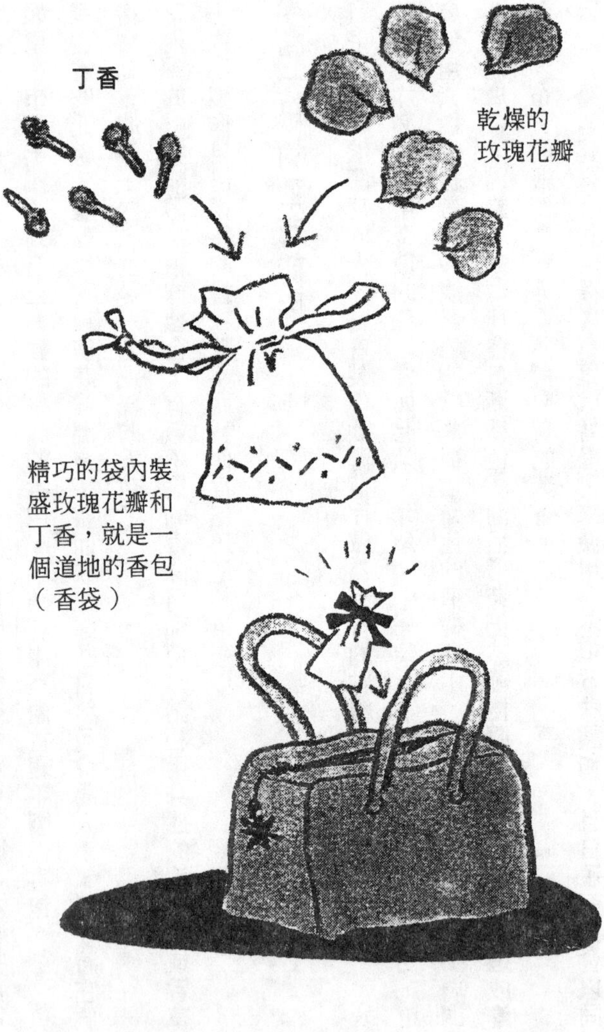
丁香
乾燥的
玫瑰花瓣
精巧的袋內裝
盛玫瑰花瓣和
丁香，就是一
個道地的香包
（香袋）

用檸檬草製作歐薄荷花束

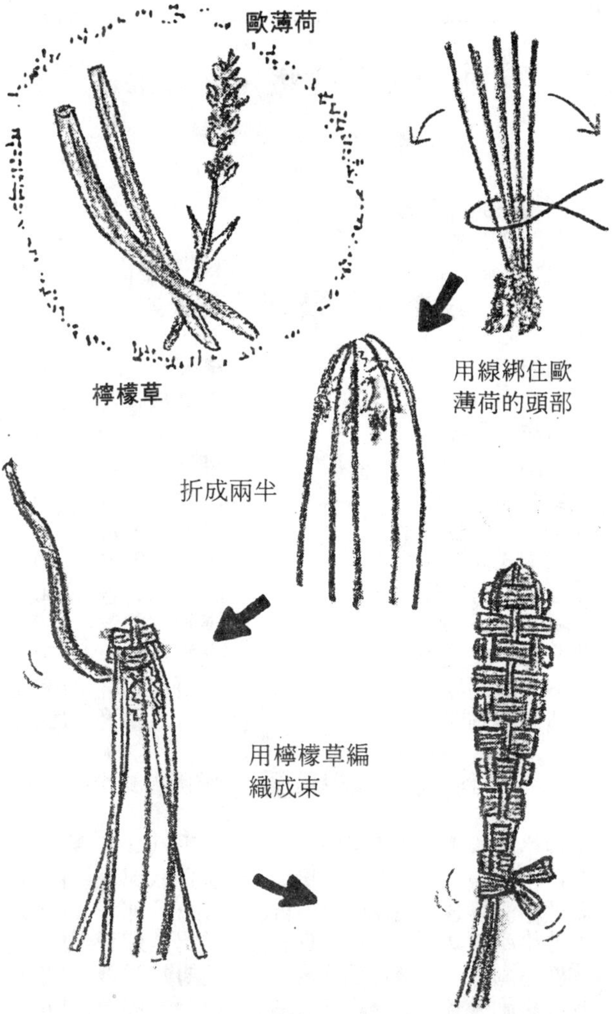
歐薄荷
檸檬草
用線綁住歐
薄荷的頭部
折成兩半
用檸檬草編
織成束

⑩性格測驗10	由裝扮瞭解人心	淺野八郎著	140元
⑪性格測驗11	敲開內心玄機	淺野八郎著	140元
⑫性格測驗12	透視你的未來	淺野八郎著	140元
⑬血型與你的一生		淺野八郎著	140元
⑭趣味推理遊戲		淺野八郎著	140元

・婦 幼 天 地・電腦編號16

①八萬人減肥成果	黃靜香譯	150元
②三分鐘減肥體操	楊鴻儒譯	150元
③窈窕淑女美髮秘訣	柯素娥譯	130元
④使妳更迷人	成　玉譯	130元
⑤女性的更年期	官舒妍編譯	160元
⑥胎內育兒法	李玉瓊編譯	150元
⑦早產兒袋鼠式護理	唐岱蘭譯	200元
⑧初次懷孕與生產	婦幼天地編譯組	180元
⑨初次育兒12個月	婦幼天地編譯組	180元
⑩斷乳食與幼兒食	婦幼天地編譯組	180元
⑪培養幼兒能力與性向	婦幼天地編譯組	180元
⑫培養幼兒創造力的玩具與遊戲	婦幼天地編譯組	180元
⑬幼兒的症狀與疾病	婦幼天地編譯組	180元
⑭腿部苗條健美法	婦幼天地編譯組	150元
⑮女性腰痛別忽視	婦幼天地編譯組	150元
⑯舒展身心體操術	李玉瓊編譯	130元
⑰三分鐘臉部體操	趙薇妮著	160元
⑱生動的笑容表情術	趙薇妮著	160元
⑲心曠神怡減肥法	川津祐介著	130元
⑳內衣使妳更美麗	陳玄茹譯	130元
㉑瑜伽美姿美容	黃靜香編著	150元
㉒高雅女性裝扮學	陳珮玲譯	180元
㉓蠶糞肌膚美顏法	坂梨秀子著	160元
㉔認識妳的身體	李玉瓊譯	160元
㉕產後恢復苗條體態	居理安・芙萊喬著	200元
㉖正確護髮美容法	山崎伊久江著	180元

・青 春 天 地・電腦編號17

①A血型與星座	柯素娥編譯	120元
②B血型與星座	柯素娥編譯	120元
③O血型與星座	柯素娥編譯	120元
④AB血型與星座	柯素娥編譯	120元

⑤青春期性教室	呂貴嵐編譯	130元
⑥事半功倍讀書法	王毅希編譯	150元
⑦難解數學破題	宋釗宜編譯	130元
⑧速算解題技巧	宋釗宜編譯	130元
⑨小論文寫作秘訣	林顯茂編譯	120元
⑪中學生野外遊戲	熊谷康編著	120元
⑫恐怖極短篇	柯素娥編譯	130元
⑬恐怖夜話	小毛驢編譯	130元
⑭恐怖幽默短篇	小毛驢編譯	120元
⑮黑色幽默短篇	小毛驢編譯	120元
⑯靈異怪談	小毛驢編譯	130元
⑰錯覺遊戲	小毛驢編譯	130元
⑱整人遊戲	小毛驢編譯	150元
⑲有趣的超常識	柯素娥編譯	130元
⑳哦！原來如此	林慶旺編譯	130元
㉑趣味競賽100種	劉名揚編譯	120元
㉒數學謎題入門	宋釗宜編譯	150元
㉓數學謎題解析	宋釗宜編譯	150元
㉔透視男女心理	林慶旺編譯	120元
㉕少女情懷的自白	李桂蘭編譯	120元
㉖由兄弟姊妹看命運	李玉瓊編譯	130元
㉗趣味的科學魔術	林慶旺編譯	150元
㉘趣味的心理實驗室	李燕玲編譯	150元
㉙愛與性心理測驗	小毛驢編譯	130元
㉚刑案推理解謎	小毛驢編譯	130元
㉛偵探常識推理	小毛驢編譯	130元
㉜偵探常識解謎	小毛驢編譯	130元
㉝偵探推理遊戲	小毛驢編譯	130元
㉞趣味的超魔術	廖玉山編著	150元
㉟趣味的珍奇發明	柯素娥編著	150元
㊱登山用具與技巧	陳瑞菊編著	150元

•健康天地•電腦編號18

①壓力的預防與治療	柯素娥編譯	130元
②超科學氣的魔力	柯素娥編譯	130元
③尿療法治病的神奇	中尾良一著	130元
④鐵證如山的尿療法奇蹟	廖玉山譯	120元
⑤一日斷食健康法	葉慈容編譯	120元
⑥胃部強健法	陳炳崑譯	120元
⑦癌症早期檢查法	廖松濤譯	130元

⑧老人痴呆症防止法	柯素娥編譯	130元
⑨松葉汁健康飲料	陳麗芬編譯	130元
⑩揉肚臍健康法	永井秋夫著	150元
⑪過勞死、猝死的預防	卓秀貞編譯	130元
⑫高血壓治療與飲食	藤山順豐著	150元
⑬老人看護指南	柯素娥編譯	150元
⑭美容外科淺談	楊啟宏著	150元
⑮美容外科新境界	楊啟宏著	150元
⑯鹽是天然的醫生	西英司郎著	140元
⑰年輕十歲不是夢	梁瑞麟譯	200元
⑱茶料理治百病	桑野和民著	180元
⑲綠茶治病寶典	桑野和民著	150元
⑳杜仲茶養顏減肥法	西田博著	150元
㉑蜂膠驚人療效	瀨長良三郎著	150元
㉒蜂膠治百病	瀨長良三郎著	150元
㉓醫藥與生活	鄭炳全著	160元
㉔鈣長生寶典	落合敏著	180元
㉕大蒜長生寶典	木下繁太郎著	160元
㉖居家自我健康檢查	石川恭三著	160元
㉗永恒的健康人生	李秀鈴譯	200元
㉘大豆卵磷脂長生寶典	劉雪卿譯	150元
㉙芳香療法	梁艾琳譯	160元
㉚醋長生寶典	柯素娥譯	元

•實用女性學講座•電腦編號 19

①解讀女性內心世界	島田一男著	150元
②塑造成熟的女性	島田一男著	150元
③女性整體裝扮學	黃靜香編著	180元
④職業婦女禮儀	黃靜香編著	180元

•校園系列•電腦編號 20

①讀書集中術	多湖輝著	150元
②應考的訣竅	多湖輝著	150元
③輕鬆讀書贏得聯考	多湖輝著	150元
④讀書記憶秘訣	多湖輝著	150元
⑤視力恢復！超速讀術	江錦雲譯	180元

•實用心理學講座•電腦編號 21

①拆穿欺騙伎倆	多湖輝著	140元
②創造好構想	多湖輝著	140元
③面對面心理術	多湖輝著	140元
④僞裝心理術	多湖輝著	140元
⑤透視人性弱點	多湖輝著	140元
⑥自我表現術	多湖輝著	150元
⑦不可思議的人性心理	多湖輝著	150元
⑧催眠術入門	多湖輝著	150元
⑨責罵部屬的藝術	多湖輝著	150元
⑩精神力	多湖輝著	150元
⑪厚黑說服術	多湖輝著	150元
⑫集中力	多湖輝著	150元
⑬構想力	多湖輝著	150元
⑭深層心理術	多湖輝著	160元
⑮深層語言術	多湖輝著	160元
⑯深層說服術	多湖輝著	180元
⑰潛在心理術	多湖輝著	160元

•超現實心理講座•電腦編號 22

①超意識覺醒法	詹蔚芬編譯	130元
②護摩秘法與人生	劉名揚編譯	130元
③秘法！超級仙術入門	陸　明譯	150元
④給地球人的訊息	柯素娥編著	150元
⑤密教的神通力	劉名揚編著	130元
⑥神秘奇妙的世界	平川陽一著	180元
⑦地球文明的超革命	吳秋嬌譯	200元
⑧力量石的秘密	吳秋嬌譯	180元

•養 生 保 健•電腦編號 23

①醫療養生氣功	黃孝寬著	250元
②中國氣功圖譜	余功保著	230元
③少林醫療氣功精粹	井玉蘭著	250元
④龍形實用氣功	吳大才等著	220元
⑤魚戲增視強身氣功	宮　嬰著	220元
⑥嚴新氣功	前新培金著	250元
⑦道家玄牝氣功	張　章著	180元

⑧仙家秘傳袪病功	李遠國著	160元
⑨少林十大健身功	秦慶豐著	180元
⑩中國自控氣功	張明武著	250元
⑪醫療防癌氣功	黃孝寬著	220元
⑫醫療強身氣功	黃孝寬著	220元
⑬醫療點穴氣功	黃孝寬著	220元

・社會人智囊・電腦編號 24

①糾紛談判術	清水增三著	160元
②創造關鍵術	淺野八郎著	150元
③觀人術	淺野八郎著	180元
④應急詭辯術	廖英迪編著	160元
⑤天才家學習術	木原武一著	160元
⑥猫型狗式鑑人術	淺野八郎著	180元
⑦逆轉運掌握術	淺野八郎著	180元

・精 選 系 列・電腦編號 25

①毛澤東與鄧小平	渡邊利夫等著	280元
②中國大崩裂		180元

・心 靈 雅 集・電腦編號 00

①禪言佛語看人生	松濤弘道著	180元
②禪密教的奧秘	葉逯謙譯	120元
③觀音大法力	田口日勝著	120元
④觀音法力的大功德	田口日勝著	120元
⑤達摩禪106智慧	劉華亭編譯	150元
⑥有趣的佛教研究	葉逯謙編譯	120元
⑦夢的開運法	蕭京凌譯	130元
⑧禪學智慧	柯素娥編譯	130元
⑨女性佛教入門	許俐萍譯	110元
⑩佛像小百科	心靈雅集編譯組	130元
⑪佛教小百科趣談	心靈雅集編譯組	120元
⑫佛教小百科漫談	心靈雅集編譯組	150元
⑬佛教知識小百科	心靈雅集編譯組	150元
⑭佛學名言智慧	松濤弘道著	220元
⑮釋迦名言智慧	松濤弘道著	220元
⑯活人禪	平田精耕著	120元
⑰坐禪入門	柯素娥編譯	120元

⑱現代禪悟	柯素娥編譯	130元
⑲道元禪師語錄	心靈雅集編譯組	130元
⑳佛學經典指南	心靈雅集編譯組	130元
㉑何謂「生」 阿含經	心靈雅集編譯組	150元
㉒一切皆空 般若心經	心靈雅集編譯組	150元
㉓超越迷惘 法句經	心靈雅集編譯組	130元
㉔開拓宇宙觀 華嚴經	心靈雅集編譯組	130元
㉕真實之道 法華經	心靈雅集編譯組	130元
㉖自由自在 涅槃經	心靈雅集編譯組	130元
㉗沈默的教示 維摩經	心靈雅集編譯組	150元
㉘開通心眼 佛語佛戒	心靈雅集編譯組	130元
㉙揭秘寶庫 密教經典	心靈雅集編譯組	130元
㉚坐禪與養生	廖松濤譯	110元
㉛釋尊十戒	柯素娥編譯	120元
㉜佛法與神通	劉欣如編著	120元
㉝悟（正法眼藏的世界）	柯素娥編譯	120元
㉞只管打坐	劉欣如編譯	120元
㉟喬答摩・佛陀傳	劉欣如編著	120元
㊱唐玄奘留學記	劉欣如編譯	120元
㊲佛教的人生觀	劉欣如編譯	110元
㊳無門關（上卷）	心靈雅集編譯組	150元
㊴無門關（下卷）	心靈雅集編譯組	150元
㊵業的思想	劉欣如編著	130元
㊶佛法難學嗎	劉欣如著	140元
㊷佛法實用嗎	劉欣如著	140元
㊸佛法殊勝嗎	劉欣如著	140元
㊹因果報應法則	李常傳編	140元
㊺佛教醫學的奧秘	劉欣如編著	150元
㊻紅塵絕唱	海 若著	130元
㊼佛教生活風情	洪丕謨、姜玉珍著	220元
㊽行住坐臥有佛法	劉欣如著	160元
㊾起心動念是佛法	劉欣如著	160元
㊿四字禪語	曹洞宗青年會	200元
(51)妙法蓮華經	劉欣如編著	160元

・經 營 管 理・電腦編號 01

◎創新經營管理六十六大計（精）	蔡弘文編	780元
①如何獲取生意情報	蘇燕謀譯	110元
②經濟常識問答	蘇燕謀譯	130元
③股票致富68秘訣	簡文祥譯	200元

④台灣商戰風雲錄	陳中雄著	120元
⑤推銷大王秘錄	原一平著	180元
⑥新創意・賺大錢	王家成譯	90元
⑦工廠管理新手法	琪　輝著	120元
⑧奇蹟推銷術	蘇燕謀譯	100元
⑨經營參謀	柯順隆譯	120元
⑩美國實業24小時	柯順隆譯	80元
⑪撼動人心的推銷法	原一平著	150元
⑫高竿經營法	蔡弘文編	120元
⑬如何掌握顧客	柯順隆譯	150元
⑭一等一賺錢策略	蔡弘文編	120元
⑯成功經營妙方	鐘文訓著	120元
⑰一流的管理	蔡弘文編	150元
⑱外國人看中韓經濟	劉華亭譯	150元
⑲企業不良幹部群相	琪輝編著	120元
⑳突破商場人際學	林振輝編著	90元
㉑無中生有術	琪輝編著	140元
㉒如何使女人打開錢包	林振輝編著	100元
㉓操縱上司術	邑井操著	90元
㉔小公司經營策略	王嘉誠著	160元
㉕成功的會議技巧	鐘文訓編譯	100元
㉖新時代老闆學	黃柏松編著	100元
㉗如何創造商場智囊團	林振輝編譯	150元
㉘十分鐘推銷術	林振輝編譯	120元
㉙五分鐘育才	黃柏松編譯	100元
㉚成功商場戰術	陸明編譯	100元
㉛商場談話技巧	劉華亭編譯	120元
㉜企業帝王學	鐘文訓譯	90元
㉝自我經濟學	廖松濤編譯	100元
㉞一流的經營	陶田生編著	120元
㉟女性職員管理術	王昭國編譯	120元
㊱ＩＢＭ的人事管理	鐘文訓編譯	150元
㊲現代電腦常識	王昭國編譯	150元
㊳電腦管理的危機	鐘文訓編譯	120元
㊴如何發揮廣告效果	王昭國編譯	150元
㊵最新管理技巧	王昭國編譯	150元
㊶一流推銷術	廖松濤編譯	150元
㊷包裝與促銷技巧	王昭國編譯	130元
㊸企業王國指揮塔	松下幸之助著	120元
㊹企業精銳兵團	松下幸之助著	120元
㊺企業人事管理	松下幸之助著	100元

㊻華僑經商致富術	廖松濤編譯	130元
㊼豐田式銷售技巧	廖松濤編譯	120元
㊽如何掌握銷售技巧	王昭國編著	130元
㊿洞燭機先的經營	鐘文訓編譯	150元
52新世紀的服務業	鐘文訓編譯	100元
53成功的領導者	廖松濤編譯	120元
54女推銷員成功術	李玉瓊編譯	130元
55ＩＢＭ人才培育術	鐘文訓編譯	100元
56企業人自我突破法	黃琪輝編著	150元
58財富開發術	蔡弘文編著	130元
59成功的店舖設計	鐘文訓編著	150元
61企管回春法	蔡弘文編著	130元
62小企業經營指南	鐘文訓編譯	100元
63商場致勝名言	鐘文訓編譯	150元
64迎接商業新時代	廖松濤編譯	100元
66新手股票投資入門	何朝乾　編	180元
67上揚股與下跌股	何朝乾編譯	180元
68股票速成學	何朝乾編譯	180元
69理財與股票投資策略	黃俊豪編著	180元
70黃金投資策略	黃俊豪編著	180元
71厚黑管理學	廖松濤編譯	180元
72股市致勝格言	呂梅莎編譯	180元
73透視西武集團	林谷燁編譯	150元
76巡迴行銷術	陳蒼杰譯	150元
77推銷的魔術	王嘉誠譯	120元
78 60秒指導部屬	周蓮芬編譯	150元
79精銳女推銷員特訓	李玉瓊編譯	130元
80企劃、提案、報告圖表的技巧	鄭　汶　譯	180元
81海外不動產投資	許達守編譯	150元
82八百件的世界策略	李玉瓊譯	150元
83服務業品質管理	吳宜芬譯	180元
84零庫存銷售	黃東謙編譯	150元
85三分鐘推銷管理	劉名揚編譯	150元
86推銷大王奮鬥史	原一平著	150元
87豐田汽車的生產管理	林谷燁編譯	150元

・成功寶庫・電腦編號 02

①上班族交際術	江森滋著	100元
②拍馬屁訣竅	廖玉山編譯	110元
④聽話的藝術	歐陽輝編譯	110元

⑨求職轉業成功術	陳　義編著	110元
⑩上班族禮儀	廖玉山編著	120元
⑪接近心理學	李玉瓊編著	100元
⑫創造自信的新人生	廖松濤編著	120元
⑭上班族如何出人頭地	廖松濤編著	100元
⑮神奇瞬間瞑想法	廖松濤編譯	100元
⑯人生成功之鑰	楊意苓編著	150元
⑱潛在心理術	多湖輝　著	100元
⑲給企業人的諍言	鐘文訓編著	120元
⑳企業家自律訓練法	陳　義編譯	100元
㉑上班族妖怪學	廖松濤編著	100元
㉒猶太人縱橫世界的奇蹟	孟佑政編著	110元
㉓訪問推銷術	黃静香編著	130元
㉕你是上班族中強者	嚴思圖編著	100元
㉖向失敗挑戰	黃静香編著	100元
㉙機智應對術	李玉瓊編著	130元
㉚成功頓悟100則	蕭京凌編譯	130元
㉛掌握好運100則	蕭京凌編譯	110元
㉜知性幽默	李玉瓊編譯	130元
㉝熟記對方絕招	黃静香編譯	100元
㉞男性成功秘訣	陳蒼杰編譯	130元
㊱業務員成功秘方	李玉瓊編著	120元
㊲察言觀色的技巧	劉華亭編著	130元
㊳一流領導力	施義彥編譯	120元
㊴一流說服力	李玉瓊編著	130元
㊵30秒鐘推銷術	廖松濤編譯	150元
㊶猶太成功商法	周蓮芬編譯	120元
㊷尖端時代行銷策略	陳蒼杰編著	100元
㊸顧客管理學	廖松濤編著	100元
㊹如何使對方說Yes	程　羲編著	150元
㊺如何提高工作效率	劉華亭編著	150元
㊼上班族口才學	楊鴻儒譯	120元
㊽上班族新鮮人須知	程　羲編著	120元
㊾如何左右逢源	程　羲編著	130元
㊿語言的心理戰	多湖輝著	130元
51扣人心弦演說術	劉名揚編著	120元
53如何增進記憶力、集中力	廖松濤譯	130元
55性惡企業管理學	陳蒼杰譯	130元
56自我啟發200招	楊鴻儒編著	150元
57做個傑出女職員	劉名揚編著	130元
58靈活的集團營運術	楊鴻儒編著	120元

⑥⓪個案研究活用法	楊鴻儒編著	130元
⑥①企業教育訓練遊戲	楊鴻儒編著	120元
⑥②管理者的智慧	程　義編譯	130元
⑥③做個佼佼管理者	馬筱莉編譯	130元
⑥④智慧型說話技巧	沈永嘉編譯	130元
⑥⑥活用佛學於經營	松濤弘道著	150元
⑥⑦活用禪學於企業	柯素娥編譯	130元
⑥⑧詭辯的智慧	沈永嘉編譯	150元
⑥⑨幽默詭辯術	廖玉山編譯	150元
⑦⓪拿破崙智慧箴言	柯素娥編譯	130元
⑦①自我培育・超越	蕭京凌編譯	150元
⑦④時間即一切	沈永嘉編譯	130元
⑦⑤自我脫胎換骨	柯素娥譯	150元
⑦⑥贏在起跑點—人才培育鐵則	楊鴻儒編譯	150元
⑦⑦做一枚活棋	李玉瓊編譯	130元
⑦⑧面試成功戰略	柯素娥編譯	130元
⑦⑨自我介紹與社交禮儀	柯素娥編譯	150元
⑧⓪說NO的技巧	廖玉山編譯	130元
⑧①瞬間攻破心防法	廖玉山編譯	120元
⑧②改變一生的名言	李玉瓊編譯	130元
⑧③性格性向創前程	楊鴻儒編譯	130元
⑧④訪問行銷新竅門	廖玉山編譯	150元
⑧⑤無所不達的推銷話術	李玉瓊編譯	150元

・處世智慧・電腦編號 03

①如何改變你自己	陸明編譯	120元
②人性心理陷阱	多湖輝著	90元
④幽默說話術	林振輝編譯	120元
⑤讀書36計	黃柏松編譯	120元
⑥靈感成功術	譚繼山編譯	80元
⑧扭轉一生的五分鐘	黃柏松編譯	100元
⑨知人、知面、知其心	林振輝譯	110元
⑩現代人的詭計	林振輝譯	100元
⑫如何利用你的時間	蘇遠謀譯	80元
⑬口才必勝術	黃柏松編譯	120元
⑭女性的智慧	譚繼山編譯	90元
⑮如何突破孤獨	張文志編譯	80元
⑯人生的體驗	陸明編譯	80元
⑰微笑社交術	張芳明譯	90元
⑱幽默吹牛術	金子登著	90元

⑲攻心說服術	多湖輝著	100元
⑳當機立斷	陸明編譯	70元
㉑勝利者的戰略	宋恩臨編譯	80元
㉒如何交朋友	安紀芳編著	70元
㉓鬥智奇謀（諸葛孔明兵法）	陳炳崑著	70元
㉔慧心良言	亦　奇著	80元
㉕名家慧語	蔡逸鴻主編	90元
㉗稱霸者啟示金言	黃柏松編譯	90元
㉘如何發揮你的潛能	陸明編譯	90元
㉙女人身態語言學	李常傳譯	130元
㉚摸透女人心	張文志譯	90元
㉛現代戀愛秘訣	王家成譯	70元
㉜給女人的悄悄話	妮倩編譯	90元
㉞如何開拓快樂人生	陸明編譯	90元
㉟驚人時間活用法	鐘文訓譯	80元
㊱成功的捷徑	鐘文訓譯	70元
㊲幽默逗笑術	林振輝著	120元
㊳活用血型讀書法	陳炳崑譯	80元
㊴心　燈	葉于模著	100元
㊵當心受騙	林顯茂譯	90元
㊶心・體・命運	蘇燕謀譯	70元
㊷如何使頭腦更敏銳	陸明編譯	70元
㊸宮本武藏五輪書金言錄	宮本武藏著	100元
㊺勇者的智慧	黃柏松編譯	80元
㊼成熟的愛	林振輝譯	120元
㊽現代女性駕馭術	蔡德華著	90元
㊾禁忌遊戲	酒井潔著	90元
㊾摸透男人心	劉華亭編譯	80元
53如何達成願望	謝世輝著	90元
54創造奇蹟的「想念法」	謝世輝著	90元
55創造成功奇蹟	謝世輝著	90元
56男女幽默趣典	劉華亭譯	90元
57幻想與成功	廖松濤譯	80元
58反派角色的啟示	廖松濤編譯	70元
59現代女性須知	劉華亭編著	75元
61機智說話術	劉華亭編譯	100元
62如何突破內向	姜倩怡編譯	110元
64讀心術入門	王家成編譯	100元
65如何解除內心壓力	林美羽編著	110元
66取信於人的技巧	多湖輝著	110元
67如何培養堅強的自我	林美羽編著	90元

⑱自我能力的開拓	卓一凡編著	110元
⑳縱橫交涉術	嚴思圖編著	90元
㉑如何培養妳的魅力	劉文珊編著	90元
㉒魅力的力量	姜倩怡編著	90元
㉓金錢心理學	多湖輝著	100元
㉔語言的圈套	多湖輝著	110元
㉕個性膽怯者的成功術	廖松濤編譯	100元
㉖人性的光輝	文可式編著	90元
㉘驚人的速讀術	鐘文訓編譯	90元
㉙培養靈敏頭腦秘訣	廖玉山編著	90元
㉚夜晚心理術	鄭秀美編譯	80元
㉛如何做個成熟的女性	李玉瓊編著	80元
㉜現代女性成功術	劉文珊編著	90元
㉝成功說話技巧	梁惠珠編譯	100元
㉞人生的真諦	鐘文訓編譯	100元
㉟妳是人見人愛的女孩	廖松濤編著	120元
㊲指尖・頭腦體操	蕭京凌編譯	90元
㊳電話應對禮儀	蕭京凌編著	120元
㊴自我表現的威力	廖松濤編譯	100元
㊵名人名語啟示錄	喬家楓編著	100元
㊶男與女的哲思	程鐘梅編譯	110元
㊷靈思慧語	牧　風著	110元
㊸心靈夜語	牧　風著	100元
㊹激盪腦力訓練	廖松濤編譯	100元
㊺三分鐘頭腦活性法	廖玉山編譯	110元
㊻星期一的智慧	廖玉山編譯	100元
㊼溝通說服術	賴文琇編譯	100元
㊽超速讀超記憶法	廖松濤編譯	140元

・健康與美容・電腦編號04

①B型肝炎預防與治療	曾慧琪譯	130元
③媚酒傳（中國王朝秘酒）	陸明主編	120元
④藥酒與健康果菜汁	成玉主編	150元
⑤中國回春健康術	蔡一藩著	100元
⑥奇蹟的斷食療法	蘇燕謀譯	110元
⑧健美食物法	陳炳崑譯	120元
⑨驚異的漢方療法	唐龍編著	90元
⑩不老強精食	唐龍編著	100元
⑪經脈美容法	月乃桂子著	90元
⑫五分鐘跳繩健身法	蘇明達譯	100元

⑬睡眠健康法	王家成譯	80元
⑭你就是名醫	張芳明譯	90元
⑮如何保護你的眼睛	蘇燕謀譯	70元
⑯自我指壓術	今井義睛著	120元
⑰室內身體鍛鍊法	陳炳崑譯	100元
⑲釋迦長壽健康法	譚繼山譯	90元
⑳腳部按摩健康法	譚繼山譯	120元
㉑自律健康法	蘇明達譯	90元
㉓身心保健座右銘	張仁福著	160元
㉔腦中風家庭看護與運動治療	林振輝譯	100元
㉕秘傳醫學人相術	成玉主編	120元
㉖導引術入門(1)治療慢性病	成玉主編	110元
㉗導引術入門(2)健康・美容	成玉主編	110元
㉘導引術入門(3)身心健康法	成玉主編	110元
㉙妙用靈藥・蘆薈	李常傳譯	150元
㉚萬病回春百科	吳通華著	150元
㉛初次懷孕的10個月	成玉編譯	130元
㉜中國秘傳氣功治百病	陳炳崑編譯	130元
㉞仙人成仙術	陸明編譯	100元
㉟仙人長生不老學	陸明編譯	100元
㊱釋迦秘傳米粒刺激法	鐘文訓譯	120元
㊲痔・治療與預防	陸明編譯	130元
㊳自我防身絕技	陳炳崑編譯	120元
㊴運動不足時疲勞消除法	廖松濤譯	110元
㊵三溫暖健康法	鐘文訓編譯	90元
㊷維他命C新效果	鐘文訓譯	90元
㊸維他命與健康	鐘文訓譯	150元
㊺森林浴—綠的健康法	劉華亭編譯	80元
㊼導引術入門(4)酒浴健康法	成玉主編	90元
㊽導引術入門(5)不老回春法	成玉主編	90元
㊾山白竹（劍竹）健康法	鐘文訓譯	90元
㊿解救你的心臟	鐘文訓編譯	100元
(51)牙齒保健法	廖玉山譯	90元
(52)超人氣功法	陸明編譯	110元
(53)超能力秘密開發法	廖松濤譯	80元
(54)借力的奇蹟(1)	力拔山著	100元
(55)借力的奇蹟(2)	力拔山著	100元
(56)五分鐘小睡健康法	呂添發撰	120元
(57)禿髮、白髮預防與治療	陳炳崑撰	120元
(58)吃出健康藥膳	劉大器著	100元
(59)艾草健康法	張汝明編譯	90元

國立中央圖書館出版品預行編目資料

香味活用法／森田洋子著；李玉瓊譯，
—初版，—臺北；大展，民84
面；　公分，—（家庭／生活；78）
譯自：びっくり効果香りの実用集
ISBN 957-557-541-5（平裝）

1.香料　　2.健康法

434.9　　84009354

BIKKURI KOUKA KAORI NO JITSUYOUSHUU
Originally published in Japan in 1992 by SEISHUN SHUPPANSHA

ISBN 957-557-541-5

香味活用法

原著者／森田洋子
編譯者／李玉瓊
發行人／蔡森明
出版者／大展出版社有限公司
社　址／台北市北投區（石牌）致遠一路二段12巷1號
電　話／(02) 8236031・8236033
傳　眞／(02) 8272069
郵政劃撥／0166955－1
登記證／局版臺業字第2171號

承印者／國順圖書印刷公司
裝　訂／日新裝訂所
排版者／千賓電腦打字有限公司
電　話／（02）8836052
初　版／1995年（民84年）10月
定　價／160元

大展好書 好書大展

大展好書 好書大展